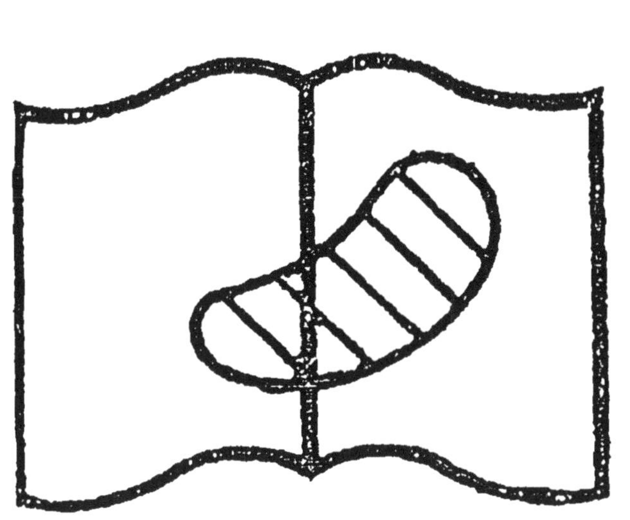

Illisibilité partielle

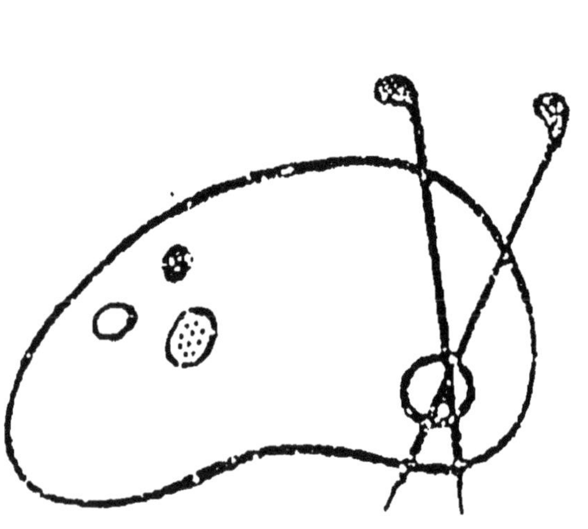

Couvertures supérieure et inférieure
en couleur

COUVERTURE SUPERIEURE ET INFERIEURE D'IMPRIMEUR

ŒUVRES

DE
M. BOSC D'ANTIC,

DOCTEUR en Médecine, Médecin du Roi par quartier, ancien Correspondant de l'Académie Royale des Sciences; Membre de l'Académie de Dijon, de la Société littéraire de Clermont-Ferrand, & de la Société des Arts de Londres.

CONTENANT plusieurs Mémoires sur l'art de la Verrerie, sur la Faïencerie, la Poterie, l'art des Forges, la Minéralogie, l'Électricité, & sur la Médecine.

TOME PREMIER.

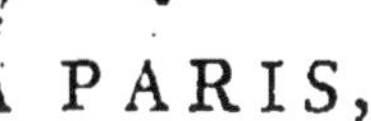

A PARIS,
Rue & Hôtel Serpente.

M. DCC. LXXX.

Avec Approbation & Privilège du Roi.

DISCOURS

PRÉLIMINAIRE,

OU

Introduction à l'étude des Arts utiles.

TRAVAILLER à perfectionner les arts utiles ou les moyens qui assurent aux hommes le nécessaire & le superflu, c'est s'occuper du bonheur de ses semblables. Il semble que ceux qui étoient le plus faits pour sentir cette vérité, l'aient méconnue pendant long-temps. Les savans n'en ont été frappés que depuis que l'étude de la vraie physique a pris la place des systèmes & des hypothèses.

C'eft une des principales raifons pour lefquelles la plupart
des arts utiles ont été & feront
peut-être long-temps fans théorie raifonnée, livrés à une aveugle routine ; mais ce n'eft pas la
feule.

Les hommes n'ont dû fentir
la néceffité de perfectionner les
moyens de fatisfaire leurs befoins , qu'à proportion que ces
befoins fe font multipliés &
que le luxe leur en a fait de
nouveaux.

Les perfonnes qui s'occupent
le plus des arts utiles , qui font
le plus à portée d'en fuivre les
opérations, font ordinairement
les moins propres à les perfectionner. Elles manquent des lumières néceffaires pour en développer la nature & en établir
les vrais principes.

Les favans font trop rarement à portée de voir & de fuivre les opérations en grand des arts utiles, pour contribuer efficacement à leur perfection. Les expériences qu'on fait dans le cabinet ou dans un laboratoire ordinaire, font l'expreffion fouvent trompeufe & prefque toujours imparfaite de celles qui fe font dans les atteliers même des arts.

On fera encore moins étonné que les arts utiles aient fait fi peu de progrès, fi l'on fait attention que pour les perfectionner il faut trois chofes également importantes.

1°. Une connoiffance auffi parfaite qu'il eft poffible des principes propres à chacun de ces arts.

2°. Une jufte idée de toutes

les circonstances de leurs opérations.

Et 3°. le talent ou une aptitude convenable pour appliquer les principes aux opérations.

Il est beaucoup plus facile d'acquérir la connoissance des principes que celle des circonstances des opérations, & que d'en faire une heureuse application. Le vrai physicien chymiste possede les principes ; mais il ignore communément les procédés des arts. Très-peu d'artistes connoissent les principes ; la plupart n'ont que des idées vagues des circonstances de leurs opérations. Il en est qui les voient journellement sans jamais les observer. La facilité d'appliquer avec succès les principes aux opérations , est un talent que la nature ou un très - long usage nous donne.

Un ouvrage fur tous les arts utiles, qui, à ces trois conditions,
réuniroit le plus bel ordre & la
plus grande précifion, feroit un
tréfor précieux à l'humanité. Je
n'en connois point de tel, & il
ne paroît pas qu'on doive l'attendre des recherches & des
veilles d'un feul homme. L'entreprife ne feroit-elle pas au-
deffus de fes forces ?

Deux favans, d'un mérite
rare, MM. de Réaumur & Shaw,
en ont eu l'idée. Quelques étendues que fuffent leurs lumières,
ils n'ont pu en exécuter que de
foibles parties.

Une compagnie de favans du
premier ordre, l'académie royale
des fciences, a adopté & s'eft
chargée d'exécuter le plan de
M. de Réaumur. Il ne pouvoit
rien arriver de plus heureux

pour les arts utiles. Les arts
qu'elle a déjà publiés donnent
la plus haute idée de l'ouvrage ,
& la plus grande impatience de
l'avoir complet. Sans manquer
au refpect que la reconnoiſſance
m'inſpireroit pour cette illuſtre
compagnie , quand même la
juſtice ne m'y forceroit pas , je
me permettrai quelques légères
obſervations ſur ſon hiſtoire des
arts.

Les arts que MM. les acadé-
miciens auront été à portée de
ſuivre eux - mêmes très-long-
temps ; d'en voir exactement
& un grand nombre de fois les
conſtructions , la méchanique,
les matières premières, les préparations & compoſitions ; toutes les opérations, fabrications
& ouvrages feront aſſurément
faits de main de maître ; ils ne
laiſſeront rien à deſirer.

Attendre les mêmes avantages de ceux qu'ils font forcés de compofer fur les mémoires qui leur font envoyés, feroit vouloir fe tromper. On ne peut guère fuppofer que leurs correfpondans aient des yeux auffi bons & auffi bien exercés que les leurs. Quelques-uns de ces correfpondans manquent des lumières néceffaires ; plufieurs n'ont pas le talent de bien obferver, & le plus grand nombre n'eft pas né avec le talent d'appliquer heureufement les principes aux opérations, ou un très-long ufage ne lui a pas donné la facilité d'éclairer la pratique du flambeau d'une théorie raifonnée. Il eft donc au moins à craindre qu'il ne fe gliffe dans les arts de cette feconde claffe, quelques préjugés & quelques

erreurs d'autant plus dangereux,
que, contre fon intention , la
compagnie la plus favante leur
aura donné les caractères de la
vérité.

Nous avons un grand nombre
d'ouvrages fur quelques arts ;
mais il me paroît que nous en
avons peu où l'on faffe de l'art
une defcription claire & précife,
& encore un plus petit nombre
où l'on trouve des vues propres à le perfectionner. De quel
avantage peuvent être à l'art
des forges & aux fonderies en
cuivre, les traités du fer & du
cuivre de Swademborg ? Les
erreurs les plus groffières y font
données pour des vérités incon-
teftables, & les préjugés les
plus puériles d'ouvrier , pour
des préceptes importans, &c.

Si les arts utiles n'ont pas fait

de grands progrès, font encore imparfaits, c'eſt que l'étude en eſt très-difficile, qu'elle ſuppoſe des talens, des lumières & des diſpoſitions très-rares, & qu'elle exige des ſacrifices que peu de perſonnes ſe ſentent le courage de faire.

J'aurois ſans doute porté cette étude au plus haut degré de perfection, ſi les circonſtances heureuſes où je me ſuis trouvé, le travail opiniâtre que j'y ai employé, la paſſion de la choſe dont j'ai toujours été animé, un féjour de près de trente années dans les manufactures à feu, pouvoient ſuppléer les grands talens qu'elle demande.

Quoique ma longue expérience n'ait pas produit tous les fruits que j'aurois deſiré, je crois pouvoir donner des conſeils importans à ceux qui, par état ou par goût, se destinent à cette étude.

1°. Leur premier soin doit être de nourrir leur esprit des vrais principes de la physique expérimentale, de la chymie & de la minéralogie ; ceux de la première de ces sciences les mettront en état de juger & de faire exécuter avec avantage toutes les machines que les arts utiles emploient. Ils trouveront tout ce qui leur est nécessaire à cet égard, dans les ouvrages du docteur Désaguliers, de Belidor & de l'abbé Nollet, &c. Les vrais principes de la chymie leur donneront une juste idée de la nature & de l'action du feu, de la manière de l'appliquer & de le diriger, de la construction des fourneaux, de la préparation

& compofition des matières,
& de la fabrication des marchan-
difes. Ils peuvent les puifer dans
les ouvrages du célèbre Pott,
traduits pour le plus grand nombre par M. de Machy, & dans les
élémens de chymie des favans
chymiftes de Dijon, MM. de
Morveau, Maret & Durande,
&c. &c.

La minéralogie leur fera connoître la nature, la compofition
& décompofition naturelles &
artificielles des matières premières des arts utiles. Je ne fau-
rois, fur cet objet important,
leur indiquer une fource plus
pure & plus abondante que les
ouvrages du favant & infatigable M. de Romé de l'Ifle, &c.
&c.

Il eft de la dernière conféquence que ceux qui fe livrent

à l'étude préliminaire de ces
fciences, foient continuellement
en garde contre les préjugés,
la réputation même la mieux
méritée du maître ; s'accoutu-
ment de bonne heure à facrifier
le brillant au folide, le merveil-
leux au vrai. S'ils portoient
dans les manufactures, au lieu
des vrais principes, des fyftèmes
& des hypothèfes, ils n'iroient
fûrement pas loin dans la belle
carrière où ils font entrés. Ne
nous y trompons pas : les fyftèmes & les hypothèfes ne font
pas moins des obftacles infur-
montables aux progrès de l'é-
tude des arts utiles, que les arts
utiles ne font infailliblement l'é-
cueil des fyftèmes & des hypothèfes. S'il étoit néceffaire ,
nous pourrions confirmer ces
deux obfervations par un grand
nombre d'exemples.

Mais nos élèves font dans des circonſtances beaucoup plus avantageuſes que celles où nous nous ſommes trouvés. Il leur eſt infiniment plus facile d'échapper aux préjugés, aux fauſſes lueurs. Nos premiers pas ne furent dirigés par aucun guide parfaitement ſûr. Les vrais principes de la chymie n'étoient aſſurément pas auſſi connus, auſſibien développés qu'ils le font aujourd'hui. On n'avoit preſque que de fauſſes idées de la minéralogie. Depuis trente ans ces deux ſciences ont fait des progrès qui tiennent du prodige.

2°. Ce feroit une erreur bien dangereuſe d'imaginer que dans un ſimple laboratoire on peut s'inſtruire des circonſtances des opérations des arts, & leur appliquer avec ſuccès les vrais principes. Elles n'y font pas affez fenfibles. Il n'eft malheureufement que trop prouvé que les réfultats des expériences en grand ne répondent jamais que très-imparfaitement aux réfultats des expériences en petit. L'art de convertir le fer forgé en acier, & d'adoucir le fer fondu, du célèbre M. de Réaumur, a été regardé comme un chef-d'œuvre, & il l'eft à plufieurs égards; rien d'effentiel ne paroît y être oublié. Ce grand homme femble y marcher fans ceffe, le flambeau de l'expérience à la main. Ses recherches & fes confeils n'ont cependant mis perfonne en état de convertir le fer de France en bon acier, & d'adoucir utilement en grand le fer fondu. Tous ceux qui l'ont tenté depuis lui fe font ruinés. La rai-

fon en eft évidente ; c'eft que
M. de Réaumur n'avoit vu que
dans fon cabinet le travail du
fer, qu'il n'avoit pas étudié l'art
des forges dans les forges mêmes.

Mais c'eft trop s'arrêter à une
méthode dont j'ai fi fouvent démontré le faux & le danger. Les
phyficiens & les chymiftes les
plus éclairés ne parlent préfente-
ment, dans leurs leçons & dans
leurs ouvrages, des manufactures qu'avec une réferve convenable.

Il eft aifé de fentir que ce
n'eft que dans les atteliers même
des arts qu'on peut fructueufe-
ment étudier les circonftances de
leurs opérations. Les procédés
y font exécutés trop en grand,
pour que la raifon des phénomènes qui les accompagnent & qui

en font la fuite , ne foit pas
tôt ou tard apperçue par un œil
attentif & bien exercé.

Je dis tôt ou tard , parce qu'il
eft rare qu'on ne foit pas long-
temps le jouet des fauffes apparences avant d'être parvenu
au but defiré. Les phénomènes
des arts font très-multipliés , &
d'autant plus difficiles à expliquer , que la caufe en eft rarement fimple. Que de chofes à
voir, à confidérer , à comparer dans des temps & dans des
occurrences différentes ! Rien
dans une manufacture n'eft d'une
petite conféquence ; les matières premières , leurs diverfes efpèces , leurs préparations , leurs
mélanges ne demandent pas
moins d'attention que les conf-
tructions , les uftions, les fu-
fions, &c. &c. Le fimple hifto-

rique des opérations est immenfe. Pour abréger, aurez-vous recours aux ouvriers ? A coup fûr vous chargeriez votre mémoire d'erreurs groffières, de préjugés puériles. Il importe de les faire fouvent parler, fans jamais les confulter. Malheur à quiconque fe livre à leur direction ; il eft rare que fa confiance en eux ne caufe la ruine de l'établiffement dont il eft propriétaire, ou qui eft confié à fes foins. La connoiffance parfaite des circonftances des opérations ne peut donc être que le fruit du temps, d'une patience à toute épreuve, d'un travail opiniâtre, d'une obfervation auffi variée que foutenue pendant plufieurs années.

On pourroit fans doute gagner du temps, fi les expériences en grand n'étoient très-difpendieufes, s'il n'étoit de la plus grande conféquence de ne jamais déranger le courant du travail d'une manufacture; ce n'eft qu'après la plus mure réflexion qu'on doit fe permettre des innovations, fe déterminer à des changemens ; le plus léger en apparence a fouvent les fuites les plus ruineufes : un exemple frappant en fournira la preuve. Un directeur de la fameufe manufacture des glaces à miroir de Saint-Gobin, ayant probablement plus de zèle que de lumières, propofa à la fin de 1751, à fes commettans, de faire par *enfournement*, quatre *coulées* au lieu de trois qu'on avoit faites jufqu'à ce moment-là; les intéreffés reçurent avec tranfport la propofition de leur directeur,

& le preſſèrent de les mettre promptement en état de jouir des avantages conſidérables que ſa découverte paroiſſoit leur promettre. Ils n'eurent à attendre que le temps néceſſaire pour fabriquer des creuſets d'une capacité proportionnée à l'augmentation projetée des *coulées.*

Le directeur tint ſa parole. Il fit quatre coulées par enfournement ; c'étoit vingt-quatre glaces de plus par ſemaine. On auroit peine à apprécier un tel avantage ; mais la fonte & l'affinage du premier enfournement durerent deux fois plus que les fontes & affinages des enfournemens à trois coulées de ſoixante-dix à ſoixante-douze heures, au lieu de vingt - quatre. Cette différence auroit dû au-moins donner des ſoupçons contre la

prétendue découverte ; elle n'en
fit naître aucun, on l'attribua
tout fimplement à la négligence
des ouvriers.

Les fontes & affinages fui-
vans ne furent pas moins longs
que le premier. Il ne fut pas difficile d'en trouver des caufes
fpécieufes. Le défaut de féche-
reffe du bois, l'altération de la
fritte, un moindre degré de
bonté des matières premières,
fingulièrement de la foude, en
fournirent tour à tour.

Nouveaux fujets d'inquiétude,
& qui ne conduifirent pas plus
à la vraie fource du mal. Au bout
de dix à douze jours on tira les
glaces des fourneaux à recuire ;
elles furent trouvées d'une couleur verte-brune, défagréable,
mal *affinées*, & infectées de petites pierres ou grains de fable
invitrifié.

Ces glaces en brut, cinq ou fix mois après leur fabrication, arriverent à Paris. Prefqu'aucune ne put foutenir le *douci* & le poli, à caufe des petites pierres. Celles qui échappèrent à ces deux opérations étoient invendables, & reftèrent dans les magafins à caufe de leur couleur brune, de leur mauvais affinage & du fable dont elles étoient parfemées.

Ce ne fut pas le feul malheur que les intéreffés éprouverent. Les quatre coulées ne leur donnerent pas plus de mauvaifes glaces que les trois coulées ne leur en donnoient de bonnes, parce que l'exceffive longueur des fontes & des affinages ne leur permettoit guère de faire plus de deux enfournemens par femaine.

Les creusets néceſſairement plus fatigués par des affinages de trois fois vingt-quatre heures, & par le poids d'un quart de plus de matière, étoient d'une beaucoup plus courte durée. Un de ces creusets qui auroit réſiſté quinze jours, eût été regardé comme un phénomène très-rare pendant le travail à trois coulées ; il n'y en avoit point qui ne durât au-moins un mois & demi.

On ſent qu'il devoit y avoir une perte immenſe de verre, & que le fourneau de fuſion continuellement inondé de matières vitrifiées, étoit beaucoup plus promptement uſé.

Les intéreſſés à cette manufacture firent de vains efforts pendant trois années pour y rappeller la bonne fabrication ; &

durant ce même efpace de tems, fe virent dans l'impoffibilité d'y faireuneglacecouléemarchande; ils auroient été ruinés fans ref- fource s'ils n'euffent trouvé dans leurs magafins de Paris des re- buts d'anciennes glaces affez épaiffes pour qu'on pût en at- teindre les défauts par un nou- veau douci & un nouveau poli. Cet ancien fond de magafin les mit en état de foutenir leur vente & de pourvoir à leurs dé- penfes.

Au moment où ce précieux fond alloit être épuifé, vers la fin de 1754, un des plus éclairés & des refpectables intéreffés me fit l'honneur de me confulter, & il me propofa de faire avec lui un voyage à Saint-Gobin.

Arrivé à la manufacture, je ne fus pas long-temps à décou-

vrir que la plus grande capacité
qu'on avoit inconfidérément
donnée aux creufets, étoit l'u-
nique caufe de tous les malheurs
qu'on avoit éprouvés & qu'on
éprouvoit encore. Il eft fenfible
que par ce changement on avoit
détruit la jufte proportion qu'il
y avoit entre le fourneau & les
creufets ; que le degré de feu
du fourneau qui étoit fuffifant
pour fondre & affiner convenablement en vingt-quatre heures environ, 4800 livres de
verre, étoit infuffifant pour en
bien fondre & affiner 6400 livres
dans le même efpace de temps.

La caufe de la mauvaife fabrication bien connue, il étoit facile de trouver le remède; on n'a-
voit qu'à remettre les chofes fur
l'ancien pied ; mais fabriquer
des creufets fur l'ancien modèle,

&

& les deſſécher convenablement, n'étoit pas l'affaire d'un
jour. Le deſſéchement desgrands
creuſets demande au moins trois
mois ; c'eût été un temps conſidérable de dépenſes inutiles. Je
les épargnai aux intéreſſés à la
manufacture.

Par l'addition de 30 livres de
ſel alkali fixe de ſoude à chaque
fritte , du poids de 500 livres ,
la fabrication changea de face :
la durée des fontes & des affinages ne fut que de vingt-quatre heures ; il n'y eut point de
pierres dans les glaces ; le verre
en fut beaucoup mieux affiné &
d'une couleur moins déſagréa-
ble ; j'avois annoncé ces précieux
avantages , & ils devoient étre
néceſſairement l'effet de l'augmentation de fondant.

On ſent qu'il entroit une trop

grande . quantité de fondant dans cette compofition de verre; mais c'étoit un mal néceffaire momentané pour en détruire un beaucoup plus grand.

Cet exemple infpirera fans doute une utile défiance , une fage retenue fur les innovations les plus probablement avanta-geufes aux perfonnes qui diri-gent des manufactures.

3°. Les arts ont entr'eux des rapports plus ou moins marqués, fe prêtent des fecours mutuels ; mais celui de la verrerie eft le fondement de prefque tous les autres , fingulièrement de la métallurgie & de la poterie , dont les branches font auffi nombreufes que dignes de la plus grande attention. Quel-qu'important que foit cet ar-ticle , nous n'entrerons ici dans

aucun détail ; nous nous bornerons à conseiller à nos élèves, s'ils
en ont le choix, de commencer
préférablement par l'étude de
l'art de la verrerie. On trouvera le développement des principaux motifs de ce conseil ,
dans le premier volume de notre recueil.

4°. L'étude des arts utiles a
des charmes, elle a aussi ses épi-
nes. Il n'est sûrement pas agréable de passer sa vie au milieu des
bois , avec des hommes grossiers & fort ignorans ; d'être
souvent obligé de voyager pendant la pluie & la neige ; d'être
le premier levé & le dernier
couché ; d'être dans l'indispensable nécessité de se lever &
de sortir à toute heure de la
nuit ; d'être continuellement en
alarme , sans cesse agité par la

crainte des accidens qui n'ar-
rivent que trop fréquemment ,
fur-tout dans les manufactures
à feu , &c. &c. Une volonté bien
déterminée , un courage peu
commun , la paffion de la chofe,
peuvent feuls triompher de tous
ces dégoûts.

Mais nous ne devons rien dé-
guifer à nos élèves ; ils auroient
de juftes reproches à nous faire
fi nous ne les prévenions de tout
ce qui peut leur arriver.

La fortune n'accompagne pas
toujours les talens & les lumières ; il eft même rare que les
perfonnes qui paroiffent nées
pour perfectionner les arts ,
foient affez riches pour avoir
en propriété des manufactures.

Ces établiffemens font ordinairement des entreprifes trop
confidérables , pour qu'un feul

homme puiſſe ou veuille en faire
tous les fonds & en courir tous
les riſques. Il eſt d'uſage de former, pour exécuter ces grandes exploitations, des ſociétés,
des compagnies.

Nouveaux ſujets de dégoût;
nouvelles ſources de peines &
de chagrins pour ceux qui ſe
ſont conſacrés à l'étude des arts
utiles. S'ils ne ſont pas aſſez
bien partagés du côté de la fortune, pour établir à leur profit des manufactures, ils ſeront
indiſpenſablement obligés d'en
former & d'en régir pour le
compte des autres, ou de s'aſ-
ſocier avec eux.

Leur paſſion favorite fixant
uniquement leur attention ſur
les intérêts des arts, ils négli-
geront néceſſairement ceux de
leur liberté, de leur réputation

& de leur fortune ; paſſeront légèrement ſur les conditions de
leurs engagemens ; n'en appro-
fondiront aucune circonſtance ;
jugeront favorablement des perſonnes ſur de ſimples apparences d'honnêteté ; prendront les
politeſſes affectées de leurs aſſociés ou de leurs commettans,
pour des témoignages d'eſtime
& de confiance ; ne s'apperce-
vront pas que ſouvent l'aſſocia-
tion n'a pas été formée pour
l'entrepriſe, mais pour faciliter
les moyens d'avoir une forte
caiſſe & d'en abuſer ; ne pen-
ſeront même pas que quelquefois l'entrepriſe eſt ruineuſe
avant que l'exploitation en ſoit
commencée;incapables de tromper, ils n'imagineront pas qu'ils
puiſſent l'être, &c. &c. &c.

Que je plains les élèves poſfédés à ce point par l'amour des arts! Ils feront indubitablement tôt ou tard les malheureuses victimes de l'ingratitude , de la fotte vanité, de la cupidité, de la mauvaife foi & de l'injuftice des gens d'affaires.

La plupart des *faifant - fonds* attachant un beaucoup plus haut prix à l'argent qu'aux talens & aux lumières , ne cefferont de contrarier le directeur de l'entreprife ; fe feront un plaifir de le mortifier , ou ne lui marqueront qu'une confidération affectée. Il eft rare que les compagnies d'affaires connoiffent le devoir facré de la reconnoiffance, & plus rare encore qu'elles le rempliffent avec exactitude. Si elles fe bornoient à l'oubli des bienfaits , les élèves des arts pourroient s'en confoler ;

mais souvent les efforts les plus heureux, les découvertes les plus précieuses, les services les plus nombreux & les plus importans, sont des titres dangereux auprès d'elles, & deviennent une source éternelle des plus criantes injustices. Ces corps ont la sotte vanité de ne vouloir pas paroître devoir leurs succès à un seul homme; aussi ne le ménagent-ils qu'autant de temps qu'ils croient en avoir indispensablement besoin; imaginent-ils que les forces productrices de ses talens & de ses lumières sont épuisées ? S'il ne rampe à leurs pieds; s'il ose faire valoir ses services, réclamer l'exécution des promesses qu'on lui a faites, invoquer les engagemens qu'on a pris avec lui, sa perte est secrètement jurée;

il n'est point d'espèce de persécutions qu'on ne mette en usage pour le forcer à la retraite.

Pendant que le directeur cherche jour & nuit de nouveaux moyens pour rendre l'entreprise plus florissante, la compagnie traverse ses desseins, excite les subalternes contre lui, encourage les ouvriers à lui manquer, interrompt ou laisse languir les paiemens de la fabrication, lui écrit d'une manière désobligeante, traite de chimères ruineuses ses découvertes les plus utiles & les mieux constatées, lui annonce des pertes immenses, lorsqu'il y a des bénéfices aussi réels que considérables ; le rend garant des événemens qu'il n'a pu ni prévenir ni même prévoir : dans le public elle le couvre de toute sorte de ridicules,

lui prête les plus grandes abſur-
dités, exagère ſon eſprit pour
faire naître le ſoupçon qu'il en
a abuſé, & pour rendre plus
difficile ſa juſtification, lui donne
un caractère exceſſivement difficile, incapable de toute ſociété;
n'épargne aucun ſoin, aucune
peine pour donner contre lui
des impreſſions défavorables au
gouvernement; & ſi le miniſtère n'étoit auſſi juſte qu'éclairé,
elle mettroit le comble à ſon in-
juſtice, en cherchant à l'excuſer
par un coup d'autorité. Si l'entrepriſe manque par des raiſons
tout-à-fait étrangères au directeur de l'exploitation, par la
partie de commerce, par la
mauvaiſe adminiſtration de la
caiſſe, par l'intrigue & la mal-
verſation d'un ou pluſieurs mem-
bres de la ſociété, on ne lui en

attribuera pas moins la caufe; on ne le fera pas moins regarder comme l'auteur de fa ruine ; on n'aura fûrement pas négligé de l'engager, à fon infu & fans aucun pouvoir, dans des effets de commerce ; on l'enveloppera dans des procès inextricables, où on lui fera jouer le rôle le plus injufte; enfin, s'il a publié d'utiles découvertes, fi fes ouvrages ont été favorablement reçus du public, les frélons de la république des lettres, ces hommes malheureufement trop communs, qui ne pouvant rien tirer de leur propre fond, l'auront copié fans le citer, fe joindront à fes perfécuteurs pour confommer fa ruine, pour le rendre malheureux jufqu'au tombeau.

Le tableau que nous venons

de faire n'eft point trop chargé,
je ne fuis malheureufement que
trop en état de prouver que tous
les traits en font fidèles. Notre
but feroit certainement manqué
fi nous avions jeté les élèves des
arts utiles dans le plus léger dé-
couragement, ou fi nous avions
fait naître dans leur efprit des
foupçons injurieux contre tous
ceux qui ont ou qui font de grandes entreprifes. Nous n'avons
eu uniquement que l'intention
de leur infpirer de la prudence,
de leur faire éviter les écueils,
en les leur faifant connoître, &
de les engager à ne jamais con-
tracter d'engagement effentiel,
que d'après l'avis détaillé d'un
bon confeil.

Nous fommes on ne peut pas
plus éloignés de croire le plus

grand nombre des compagnies d'exploitation, capables des excès que nous avons décrits. Il nous feroit facile d'en nommer plufieurs où l'honneur & la juftice n'ont jamais ceffé de régner.

Les mandans des manufactures ont été plus fouvent la dupe de leurs mandataires, que les mandataires ne l'ont été de leurs mandans. Les compagnies peuvent aifément fe mettre à couvert de ce rifque ; elles n'ont qu'à ne pas confondre les vrais élèves des arts avec les prétendus élèves. Les premiers ont des talens & des lumières, une expérience raifonnée & un amour fincère pour les arts. Les derniers n'ont que des fecrets fouvent imaginaires, de recettes de routine, une pratique incertaine, & n'aiment les arts que pour l'argent qu'ils leur procurent. D'après des différences si frappantes, pourroit-on se tromper sur le choix?

5°. On réunit ordinairement dans les grandes manufactures, des ouvriers de différentes provinces, quelquefois de différentes nations, & toujours d'un différent caractère. Quelques-uns sont honnêtes , tranquilles & constans ; le plus grand nombre libertins, adonnés au vin, brouillons , cabaleurs , cherchant sans cesse à mettre le désordre, & prêts à s'échapper. Cent lieues de chemin ne sont pour eux qu'une promenade. Les uns sont fort intelligens, & les autres de vraies machines.

Comment plier sous une même règle? faire concourir à un même but des volontés si diverses ?

L'art n'en est assurément pas
facile. La force des lois & la
simple autorité du chef peuvent
contenir les ouvriers ; mais elles
sont insuffisantes pour les con-
traindre au bon travail. Il me
paroît même important de ne
faire usage de ces deux grands
moyens, que dans les cas extrêmes. C'est le vrai secret de les
faire respecter.

Il est très-rare qu'un directeur
éclairé, ferme, juste & humain
ne réussisse pas à bien conduire
les ouvriers, à leur faire exécuter avec exactitude ce que le
plus grand bien de la manufacture exige. Celui qui sait bien
commander est sûr d'être obéi ;
ses ordres sont clairs, précis,
sans équivoque, ne portent jamais à faux, ont toujours un
rapport évident au plus grand

avantage de l'entreprife : il eft inflexible fur l'exécution des ordres qu'il a donnés; n'écoute aucune repréfentation fur ce point effentiel ; ne fouffre aucun propos, aucune action contraire aux bonnes mœurs ; il eft perfuadé que là où les mœurs ne font pas refpectées le bon ordre ne peut régner, & que fans le bon ordre il n'y a point de bon travail ; il n'eft pas moins ferme vis-à-vis de fes commis que vis-à-vis de fes ouvriers.

Il ne confond jamais la fermeté avec la dureté, ce feroit une erreur trop groffière & trop dangereufe ; la première eft néceffaire, à les plus heureux effets ; la dernière eft injufte, décourage, révolte. Il n'exige de ceux que le hafard lui a foumis, que ce qui eft ftrictement de leur

devoir, & autant même que leur
fanté ne puiffe en être altérée ;
refpecte les conditions de leur
engagement , les fait ponctuel-
lement payer, a foin que leur
compte foit tenu dans le plus bel
ordre , leur en fait délivrer co-
pie toutes les fois qu'ils le defirent , prend leur fait & caufe
dans les affaires juftes, même
vis-à-vis de fes commis ; ne
donne des marques de confiance,
ne montre des préférences qu'à
ceux qui le méritent par la régu-
larité de leur conduite & par
leur bon travail.

S'ils font malades, s'ils ont
de la peine à fubfifter à caufe de
leur nombreufe famille , s'ils ont
befoin de confeils , il dépofe l'extérieur & le langage du maître ,
pour prendre l'intérieur & le
courage d'un pere auffi tendre

qu'empreſſé à ſecourir ſes en-
fans. Il les conſole, les ſoutient
& les aide de tout ſon pouvoir,
& avec toutes les démonſtra-
tions d'une véritable affection.
Un tel chef ſera indubitablement
adoré de ſes ouvriers; aucun n'o-
ſeroit lui manquer ; tous ſe feront un plaiſir d'aller au-devant
de ce qui peut lui plaire.

6°. Dans notre tableau des manufactures à feu du royaume, &
qu'on verra dans notre ſecond
volume , nous avons propoſé
deux moyens qui faciliteroient
infiniment l'étude des arts utiles.
Le premier, conſiſte à envoyer
dans les manufactures des perſonnes auſſi profondes dans la
théorie, que conſommées dans
la pratique dans les manufactures , pour inſtruire les manufacturiers ou leurs directeurs ;

mais fi l'on avoit jeté le gouvernement dans l'erreur, fi les perfonnes choifies étoient peu inftruites, cherchoient, fous différens prétextes, à tirer des
manufacturiers leurs compofitions, leurs procédés les plus
particuliers, ce moyen ne feroit d'aucune utilité, il ne fer-
viroit même qu'à infpirer la défiance.

Le fecond moyen le plus efficace fans doute, le plus propre
à faire faire aux arts les progrès
les plus rapides, confifteroit à
établir des écoles où les élèves
feroient inftruits dans la théorie
& dans la pratique, où les vrais
principes feroient continuellement appliqués aux opérations
en grand; mais ces deux moyens
dépendent abfolument du gouvernement.

TABLE

Des Mémoires contenus dans le premier Volume.

Mémoire sur la nature de la ma-
tière électrique, & où l'on prouve
que le verre n'est pas électrique
par lui-même, page 282.

MÉMOIRE

SUR

LA CAUSE DES BULLES

Lu à l'Académie Royale des Sciences, au commencement de 1758, & imprimé dans le 4ᵉ. vol. des Savans étrangers.

'ART de la verrerie est un des plus curieux & des plus dignes d'occuper les vrais physiciens, ses phénomènes sont très-singuliers & l'utilité de ses ouvrages est très-étendue ; il s'en faut cependant beau-

Tome I.   A

coup qu'il n'ait été approfondi autant
qu'il peut l'être. Les traités de verrerie
les plus eſtimés n'en donnent que des
idées imparfaites : on ne voit dans Agricola, Neri, Merret, Kunckel, Henckel,
d'Ablancour, &c. preſque aucun principe ſolidement établi, aucun phénomène clairement expliqué. Tout ſe réduit dans ces auteurs, à peu de choſe
près, à des méthodes, à des préceptes
relatifs aux matières des pays qu'ils ont
habités, & aux fourneaux dont ils ſe ſont
ſervis, & conſéquemment peu utiles à
ceux qui ont à opérer dans des circonſtances différentes. Ils n'ont rien dit de
ſatisfaiſant ſur la matière, la préparation
& la conſtruction des fourneaux, ſur la
compoſition & la figure des creuſets,
ſur la proportion qu'il doit y avoir entre
les creuſets & le fourneau, ſur le degré
de feu le plus avantageux, ſur la nature
des matières à convertir en verre, ſur
les cauſes de la dépuration, de la tranſparence, des couleurs, du plus ou moins

de folidité , des bulles , des nuages , des graiffes , de la rouille ou plombé du verre , fur la nature & les effets de la bonne recuiffon , &c. auffi dans les pays où ces auteurs font le plus connus, & où la nature paroît être le plus favorable à la verrerie , on ne fait de beau verre qu'en tâtonnant & à grands frais.

Quelle peut être la raifon pour laquelle l'art de la verrerie a fait fi peu de progrès ? je me flatte de l'avoir devinée ; c'eft que le plus grand nombre de ceux qui, par état ou par intérêt , le cultivent , manquent des lumières néceffaires pour en développer la nature , & que le petit nombre des perfonnes capables d'en pénétrer les myftères , n'ont pas eu occafion de travailler dans le très-grand , feul moyen d'en découvrir les vrais principes. Dans les laboratoires ordinaires , les traits de la nature ne font pas fenfibles : dans les petites verreries , ces traits font encore trop déliés pour être facilement apperçus ;

c'eſt dans les plus conſidérables, dans les manufactures de glaces, que ces traits ſont frappans.

Je me ſuis trouvé dans les circonſtances les plus heureuſes: ſi mes lumières & mes talens euſſent été proportionnés à ma bonne volonté & à mes efforts, j'aurois laiſſé peu à faire ſur cette matière.

L'académie eſt le juge le plus compétent des recherches & des découvertes qui ont trait au bien de l'Etat & au progrès des ſciences; tel jugement qu'elle croie devoir porter de celles que j'aurai l'honneur de mettre ſous ſes yeux, je la prie de les regarder comme une preuve de mon zèle & du deſir ſincère de mériter ſon ſuffrage. Si ce mémoire lui eſt agréable, il ſera ſuivi de pluſieurs autres.

Tous ceux qui ont traité de l'art de la verrerie, ont regardé le ſuin, le ſel ou le fiel de verre comme un ſel alkali ſuperflu; les verriers en ont la même idée. Peu de chymiſtes en ont parlé; M. Pott eſt, je crois, le premier qui l'ait examiné avec attention; ſes recherches ont été couronnées du plus grand ſuccès. Il a démontré que le ſiel de verre n'étoit point un ſel alkali, mais un compoſé de différens ſels neutres, le ſel admirable de Glauber, le tartre vitriolé & le ſel marin. Les expériences que j'ai eu occaſion de faire ſur ce ſel, ne m'ont rien appris de contraire à celles de ce ſavant chymiſte : ſon mémoire, qui ſe trouve dans ceux de l'académie de Berlin, mérite beaucoup d'être lu.

Le même auteur a aſſuré, dans ſa lithogéognoſie, que le ſel de verre ne ſe vitrifioit en aucune façon avec la terre vitrifiable, & qu'il n'entroit aucunement dans la compoſition du verre. Je ne puis douter de la vérité de cette aſſertion : de telle manière que j'aie traité le ſiel de verre avec le ſable, je n'ai jamais pu obtenir la moindre apparence de matière vitrifiée ; j'ai toujours trouvé le ſable dans le creuſet ſans qu'il parût avoir éprouvé aucun changement. Cette expérience prouve bien démonſtrativement que le ſel de verre n'eſt point un ſel alkali fixe.

Il eſt fâcheux que **M.** Pott n'ait pas pouſſé plus loin ſes recherches, qu'il n'ait pas ſuivi le ſiel de verre juſques dans le creuſet du verrier, ou encore mieux, dans la fonte & l'affinage du verre & la confection des glaces. Quel vaſte champ pour un Obſervateur de cet ordre ! quelle moiſſon n'auroit-il pas faite ! la verrerie doit regretter que le temps ou l'occaſion lui ait manqué.

Le ſiel de verre joue un rôle très-étendu dans les verreries ; il a un grand nombre de bons & de mauvais effets, que je ne ſache point avoir été juſqu'à préſent ſoupçonnés. Quiconque les connoîtra exactement, aura une des principales clefs de l'art de la verrerie. Un pareil ſujet ne pourroit être traité, je penſe, avec trop de détail ; il me fournira la matière de pluſieurs mémoires, je me bornerai dans celui-ci à un effet ſingulier du ſel de verre.

Les bulles ou bouillons , en termes de verrier , qu'il n'eſt pas rare de voir dans toute eſpèce de verre , ont été toujours regardés comme l'ouvrage de l'air. Il y a , dit-on , de l'air par-tout ; celui qui eſt dans le verre , eſt pouſſé vers le centre par le refroidiſſement de la ſurface extérieure : il forme des cavités preſque vuides , lorſque le refroidiſſement parfait lui a permis de ſe condenſer : d'autres aſſurent qu'il n'y a des bulles dans le verre que parce qu'on n'a pas ſu ſaiſir le moment où il étoit bon à travailler : à l'inſtant qu'on arrête le feu , diſent-ils , la matière eſt en grand mouvement : cette agitation doit néceſſairement faire des interſtices , que l'air ſe hâte de remplir. Si l'on travaille le verre avant qu'il ait chaſſé l'air par ſon propre poids en s'affaiſſant , il n'eſt pas étonnant qu'il y ait des bulles dans les ouvrages. Je ne m'arrêterai pas à faire remarquer le peu de fondement de cette dernière explication.

Voyez Polinière, page 137 de ſa phyſique , le mêm. de M. Leclerc ſur la fabrique des glaces.

A iv

Cette caufe m'avoit toujours paru fuf-
pecte ; je n'avois jamais pu comprendre
comment l'air pouvoit être ou s'introduire dans une matière auffi ardente , ni
qu'il fût capable de cet effet au point de
raréfaction & d'affoibliffement où il devroit être s'il y avoit été employé. J'a-
vois à cœur de découvrir la vraie , fur-
tout depuis que je m'occupois plus particulièrement de la verrerie ; il fallut chercher long-temps , j'eus enfin le bonheur
de réuffir.

Vers la fin de 1755 , j'eus lieu de foupçonner que les bulles étoient l'effet d'une
matière beaucoup plus groffière que l'air.
Je fis une compofition qui s'affina très-
mal ; le verre fut rempli de bouillons de
différentes groffeurs , quoique j'euffe
pris les plus grandes précautions , & quoiqu'il eût été expofé très-long-temps au
feu le plus violent. Ce phénomène me
parut trop fingulier , & il m'importoit
trop d'en connoître la vraie raifon , pour
ne pas l'obferver de nouveau & avec toute

l'attention dont j'étois capable. Je fis la même compofition ; tout ce qui avoit paru dans la précédente fe manifefta dans celle-ci. Je fis tirer du fourneau le vafe qui la contenoit ; il fe forma à la furface du verre une efpèce de couenne, où on voyoit une infinité de bulles ; cette couenne fut enlevée ; auffi-tôt il s'éleva une vapeur blanchâtre, qui diminua à mefure qu'une nouvelle couenne fe forma. Il n'y avoit pas moins de bulles dans celle-ci que dans la première ; je fis répéter plufieurs fois cette opération, & j'obfervai à chacune les mêmes chofes, la vapeur & les bulles: dès ce moment-là il me parut certain que cette vapeur étoit la caufe des bouillons. J'étois très-impatient d'en connoître la nature, elle m'avoit paru avoir beaucoup de reffemblance avec les dernières fumées de la fonte, celles qui fuccèdent aux noires & aux rougeâtres. Quelques difficultés qu'il y eût, je raffemblai & je condenfai une quantité fuffifante de ces fumées blanchâtres , pour m'affurer qu'elles n'étoient autre chofe que le fiel de verre réduit en vapeur. Je fis , pour la troifieme fois, la compofition dont j'ai parlé plus haut, mêmes phénomènes ; la couenne fut enlevée jufqu'à ce qu'il n'y eut plus de verre dans le vafe, & jetée dans l'eau. J'avois fait recevoir les vapeurs dans une efpèce de cloche de carton qui avoit été humectée & bien pénétrée d'eau. Après l'opération , ce carton fut mis à macérer dans l'eau : le lendemain je l'exprimai fortement ; je filtrai la liqueur, & l'ayant fait évaporer , je trouvai une très-petite quantité de fiel de verre. Je fis auffi évaporer l'eau où le verre avoit été jeté , elle me donna une once & quelques grains de fel de verre. Si le verre eût été plus chaud , l'eau l'auroit divifé davantage & en auroit détaché une plus grande quantité de fel : dès-lors je ne crus pas devoir douter que le fel de verre ne fût la caufe des bulles.

Le vafe dans lequel j'avois fait les trois

expériences , contenoit environ deux
cents cinquante livres de verre ; une partie de sel alkali fixe , extrait de la cendre
de tabac , & une partie & demie de sable blanc , formoient la composition.

Nous allons ajouter quelques observations qui nous paroissent autant de preuves de la vérité que nous croyons avoir
établie. Les larmes d'essai qu'on fait tirer des creusets , sont d'autant moins
chargées de bouillons , que les fumées
approchent plus de leur fin. Au commencement de la fonte il n'est pas rare de
voir des larmes , pour ainsi dire , creu-
ses , & leur creux au tiers & au quart
plein de fiel de verre pur. Il y a d'autant moins de bulles dans le verre ,
toutes choses égales d'ailleurs , qu'il a
été exposé à un feu plus violent & plus
long-temps. Dans les petites verreries
ordinaires le feu est foible , & on travaille le verre aussi-tôt que les fumées
sont passées ; aussi leur verre est-il ex-
trémement chargé de bouillons. Au mo-

ment qu'on remue le verre d'un grand creufet, celui de la furface ne paroit que bulles : fi on tire une larme à deux pouces de profondeur, il y en a beaucoup moins : effet fans doute de la vapeur qui s'eft dégagée & s'eft élevée du fond à la faveur du mouvement de l'inftrument dont on s'eft fervi : plus le verre d'une compofition bien proportionnée a été jeté très-chaud dans l'eau froide, moins il a de bulles, parce qu'à chaque fois l'eau fe charge d'une partie de fel de verre.

L'ufage d'éteindre le verre dans l'eau eft fort ancien, mais on ne faifoit pas cette opération dans la vue de prévenir les bouillons ; *c'eft* (dit Neri) *afin que le fel s'en fépare, parce que ce fel fait tort au criftal, qu'il rend obfcur & nébuleux, & que le criftal le pouffe vers fa furface lorfqu'on l'a travaillé.*

Quelque certain & évident qu'il me parût que le fiel de verre réduit en vapeur étoit la caufe des bulles, il manquoit une chofe à ma fatisfaction, de voir une certaine quantité de verre purgé du fuin, où je ne puffe remarquer aucune bulle. Je fis, à cette intention, un verre fort tendre ; il fut mis en fufion quatre fois, & à chacune éteint dans l'eau froide : à la cinquième fufion j'eus beau remuer avec une verge de fer bien propre, il ne parut point de bulles dans les larmes que j'en fis tirer. Je mis dans le creufet du fel de verre à différentes reprifes, & je le fis bien mêler avec le verre, les bulles reparurent dans les larmes.

Il me reftoit une épreuve rigoureufe à faire fubir au verre purgé de fel de verre, autant qu'il étoit poffible : je penfai que les larmes bataviques rendroient fenfible la plus petite quantité de vapeur de fel de verre ; que chaffée vers le centre de la larme, par le refroidiffement prefque fubit de l'extérieur, elle produiroit une ou plufieurs bulles : que fi j'obtenois des larmes bataviques fans bulles, je porterois par-là ma découverte au plus haut degré de certitude, & que je déciderois une queſtion qui a occupé les plus grands phyſiciens de l'Europe; ſavoir, ſi les bulles qui avoient toujours accompagné les lar-mes bataviques, leur étoient eſſentielles ou inſéparables. Je fis jeter, en la ma-nière accoutumée, pluſieurs gouttes de notre verre dans un ſeau d'eau froide, les larmes que je trouvai au fond du ſeau n'avoient point de bulles, ſe briſoient avec éclat, & ſe réduiſoient en une infi-nité de parties lorſqu'on en rompoit la queue : j'eus l'honneur d'en faire voir l'année derniere à MM. l'abbé Nollet & le Camus. Toutes les fois que j'ai répété l'expérience, elle a eu le même ſuccès : je n'eus garde d'oublier de mêler du ſuin avec le verre, il y eut des bulles dans les larmes bataviques qu'on en forma. J'ai obſervé conſtamment, 1°. qu'il réuſſiſ-ſoit un bien plus petit nombre de larmes avec le verre purgé de ſuin qu'avec tout autre, très-probablement par la raiſon que le verre du centre cède moins que la vapeur à la contraction violente que le refroidiſſement ſubit cauſe aux couches extérieures : 2°. que plus l'un & l'autre étoient chauds, moins il y avoit de larmes manquées : 3°. que les larmes produiſent un effet d'autant plus grand, que l'eau dont on s'étoit ſervi étoit plus froide.

Il eſt, je penſe, bien démontré que les bulles ne ſe trouvent qu'accidentellement dans les larmes bataviques : il ne me paroît pas moins certain que ceux qui ont voulu expliquer ce phénomène ſingulier des larmes bataviques par *les ef-forts de l'air*, ou, comme Rohault & Polinière, par l'affluence & l'action des matières ſubtiles fabriquées à plaiſir, étoient très-éloignés de la vérité ; c'eſt à M. l'abbé Nollet qu'étoit réſervé l'honneur d'en donner la vraie explication. On ne peut rien voir de plus ſatisfaiſant & de plus conforme à l'expérience, que ce qu'il a dit à ce ſujet vers la fin du quatrième volume de ſes leçons de phyſique expérimentale. Lorſqu'on examine avec

quelque attention la figure, les couleurs
d'une grosse larme batavique, il me semble qu'on ne sauroit douter que le verre
ne se soit refroidi par couches, & que les
intérieures, en se refroidissant, n'aient
obligé de se plier vers elles les extérieures
déjà refroidies.

Des grains de poussière, un morceau
de linge, du bois, une goutte d'eau,
tout ce qui donne une vapeur par l'embrasement, peut produire des bulles;
mais ces causes particulières sont d'une
petite conséquence, & avec un léger degré d'attention, l'ouvrier peut en prévenir l'effet: il n'en est pas de même de
la cause générale que nous croyons avoir
démontrée, elle a sa source dans la composition, & il n'est pas aisé de l'en chas-
ser.

Dans les verreries on arrête le feu lorsqu'on estime le verre suffisamment cuit;
on bouche exactement le fourneau, & on
ne travaille le verre que lorsqu'il a acquis,
par une diminution insensible de chaleur,

une confiſtance convenable. On croit
par-là avoir donné au verre le temps &
les facilités de chaſſer l'air en s'affaiſſant:
S'il n'y a pas de bulles dans le verre, ou
s'il y en a moins, ce n'eſt pas parce que
l'air a été diſſipé, mais parce que la vapeur ſaline n'a pu ſe raſſembler & eſt
également diſperſée dans toute la maſſe
du verre. L'expérience ne prouve que
trop que des verres où les bulles ſont rares, cachent dans leur ſubſtance beaucoup de ſel de verre : expoſés à une hu-
midité-chaude, *ils le pouſſent vers leur
ſurface & le reſſuent.* Preſque tous les
criſtaux que nous avons ſont dans ce cas-
là. Lorſqu'on fait rougir dans un fourneau un morceau un peu gros de ce criſtal tendre, & qu'on ſupprime tout d'un
coup le feu qui le tenoit dans un haut
degré de ramolliſſement, il s'y forme un
grand nombre de bulles. Ce phénomène
étoit inexplicable ; il eſt aiſé aujourd'hui
d'en rendre raiſon. J'aurai occaſion,
dans un autre mémoire, de faire voir

pourquoi les verres les plus communs ne poussent point de sel, quoiqu'ils n'en cachent guère moins que les fins.

Il est indubitable que le plus sûr moyen de prévenir les bulles, est de purger le verre de fiel de verre ; on y parvient par les extinctions du verre bien chaud dans l'eau, en le remuant plusieurs fois avec un bâton de bois vert, en le pilonant avec la balle, en le mélant avec une poche de fer, en y introduisant des matiéres volatiles, l'arfenic, l'antimoine, &c. en employant le feu le plus violent & long-temps continué, & fur-tout par des compositions bien proportionnées. Il est indifférent pour les bulles d'enlever ou de ne pas enlever le sel de verre raffemblé au-deffus du verre. On s'attend peut-être que je donnerai ici les proportions les plus avantageufes des compofitions ; ce détail nous meneroit beaucoup trop loin, & il trouvera encore mieux fa place dans d'autres mémoires. Nous croyons devoir renvoyer auffi à un autre temps à dire avec quelles reſtrictions on doit prendre ce qu'ont écrit Merret & Kunckel ; l'un, *qu'un creuſet qui contient deux cents livres de matières de la meilleure qualité, donnera juſqu'à cinquante livres de ſel alkali, de ſel de verre* ; l'autre, *que tous les ſels extraits des cendres des végétaux étoient de la même nature.*

Avant de terminer ce Mémoire, il ne ſera peut-être pas inutile de dire que le ſel de verre n'eſt pas moins la cauſe des bouillons dans les émaux que dans le verre ; on s'en aſſurera ſi on ſe donne la peine d'appliquer à l'émail les obſervations & une partie des expériences que nous avons faites relativement aux bulles du verre. Les moyens que nous avons indiqués pour les prévenir dans l'un, ſont également bons pour les prévenir dans l'autre.

Nous n'avons aucun changement à faire à ce mémoire ; vingt années de nou-

velles expériences ont confirmé ce qu'il
contient. En 1758, l'art de la verrerie
étoit si peu connu , & on avoit une si
haute idée des auteurs qui en avoient
traité , que mon mémoire sur la perfection de la verrerie n'eût pas été aussi favorablement reçu en 1760 , si je n'avois
eu la précaution de disposer les esprits
par celui-ci.

Il y a quelques années qu'une académie de province proposa pour prix , le
même sujet , *la Découverte de la cause des
Bulles dans le verre.* Vraisemblablement
cette savante compagnie n'avoit aucune
connoissance de mon mémoire.

MÉMOIRE

SUR LA

CAUSE DES SOUFFLURES DES METAUX

COULÉS OU JETÉS,

Lu à l'Académie Royale des Sciences en 1758, & imprimé dans le 4ᵉ. vol. des Savans étrangers.

LES Métaux coulés avec la plus grande attention, par les fondeurs les plus intelligens & les plus confommés dans la pratique, ne font pas parfaitement compactes & exempts de toute matière hétérogène ; il n'eft point d'officier d'artillerie qui ne puiffe en fournir des preuves : les deux tables de cuivre allié, fur lefquelles on coule les glaces à Saint-Gobin, & qui font un chef-d'œuvre de l'art & du fieur Maritz l'aîné, en offrent une des plus frappantes. Lorfque ces tables furent polies , il y parut un grand nombre de foufflures , qu'on eut foin de boucher avec des vis de même métal. La première glace qu'on coula , en manifefta beaucoup qui avoient échappé aux recherches du fondeur. Il n'eft pas encore de mois qu'il ne s'en découvre de nouvelles ; on a déjà été obligé de mettre plus de quatre mille vis fur l'une de ces tables , l'autre eft meilleure.

Depuis long-temps on fe plaint de ce défaut des métaux coulés ou jetés ; on a defiré & même cherché les moyens de le prévenir , fans trop s'attacher à en con-noître la caufe ; auffi le fuccès n'a jamais été complet , & les artiftes les plus intelligens feroient fort embarraffés pour rendre raifon du bien qu'ils ont opéré. Les heureux effets d'un remède font moins les fruits du favoir que du hafard , lorfqu'on n'a pas une jufte idée du mal.

Cette matière me paroît avoir une certaine liaifon avec celle que j'ai traitée dans mon premier mémoire. On attribue

les soufflures des métaux à la même caufe à laquelle on attribuoit les bulles du
verre, à l'air ; celles-là ont quelque reffemblance avec celles-ci, & la connoiffance de la caufe des unes m'a conduit à
la découverte de la caufe des autres ; c'eft
ce qui m'a déterminé à renvoyer à un autre temps la fuite que j'ai promife fur les
bons & mauvais effets du fel de verre.
J'ofe me flatter que l'académie n'improu-
vera pas cette préférence.

Il ne m'avoit jamais paru vraifemblable que l'air fût la caufe des chambres,
des foufflures des métaux coulés : comment concevoir l'exiftence ou l'intro-
miffion de l'air dans une matière auffi ardente, même qu'il fût capable de cet
effet, raréfié & affoibli, au point où il
devroit l'être, s'il y avoit été enveloppé ?

On ne peut douter, avec fondement,
de la vérité de l'axiome reçu parmi les
fondeurs, que le métal coulé eft d'autant
plus compacte & d'autant plus homogène,
que la matière a été mieux fondue & le

moule mieux desséché. Cet axiome ne me paroît pas favorable à l'opinion qui établit l'air pour la cause des chambres, des soufflures : plus la matière est fluide & les réservoirs chauds, & plus les scories & les corps étrangers, qui ont pu s'y mêler lorsqu'on la fait couler du fourneau dans les réservoirs, ont de facilité à s'en dégager, à monter à la surface. Mieux le moule a été desséché, & plus il a acquis de dureté, moins le métal, en coulant, en détache des parties, & des parties capables de donner une vapeur par l'embrasement.

En 1756, j'eus lieu de penser que les soufflures des métaux étoient l'effet d'une vapeur plus grossière que l'air : je vis couler plusieurs fois le fer de gueuse dans différens fourneaux du Hainaut autrichien. On coule les longues barres de potin dans un canal tapissé de poussière grossière d'argile, de charbon, de scories de fer, &c. & on couvre le métal, au moment que le canal est plein, avec la poussière la poussière de charbon : on voit dans ces barres refroidies une infinité de soufflures de différente grosseur. Lorsqu'on coule la même matière en chassis, sur un sable bien séché, la plaque est assez unie ; on y remarque beaucoup moins de soufflures. Y a-t-il moins d'air dans les interstices que forment les grains de sable, que dans les poussières dont nous venons de parler ? ou plutôt, n'y a-t-il pas plus de matière propre à donner une vapeur par l'embrasement des parties aqueuses & salines dans celles-ci que dans ceux-là ?

J'examinai avec attention un grand nombre de soufflures des plus grosses ; il se trouva dans plusieurs une très-petite quantité de poussière, qui me parut quelquefois de la nature de la terre alkaline des végétaux, & le plus souvent de nature argileuse ; elle n'avoit aucun rapport, du moins autant que j'en pus juger, ni avec la matière des scories, ni avec les écailles de fer. D'ailleurs, je me suis assuré depuis, que ni les scories, ni les écailles, mêlées avec le métal, ne produisoient aucune soufflure, ne formoient qu'un défaut d'homogénéité, à la vérité guère moins dangereux, & qui peut dégénérer en chambre. N'est-il pas plus que probable que ces soufflures étoient l'effet d'une matière expansive, que l'excessive chaleur avoit forcée dans la poussière que j'y trouvai ?

Toutes les fois qu'on coule un métal, il s'y mêle nécessairement quelques matières étrangères, & souvent au moment que le métal n'a plus assez de fluidité pour s'en débarrasser. Le tampon, lorsqu'on fond le fer ou sa mine, est d'argile ; elle fait, avec la bourre & le crotin de cheval, la composition des réservoirs, des moules & des noyaux. Ces matières exposées subitement à une chaleur beaucoup plus violente que celle qu'elles ont soufferte, peuvent fournir une vapeur : mais, dira-t-on, ces matières ont été desséchées avec soin, ont été rougies, il n'y reste plus aucune espèce d'humidité: les fumées qui sortent par les évens, me paroissent la preuve du contraire. Il n'est pas probable que les sels du crotin aient été dissipés, ni que toute la bourre ait été mise hors d'état de donner une vapeur. Ceux qui se sont donné la peine d'examiner les argiles par la distillation, savent le temps & le degré de feu qu'il faut employer pour en détacher les dernières particules de phlegme, de matière expansive. Si l'on expose dans un fourneau de verrerie, à un feu de fusion, pendant une demi-heure, un creuset recuit à l'ordinaire, on le trouvera rapetissé & diminué de poids.

L'expérience suivante me paroît mériter quelque attention. J'avois imaginé qu'on pouvoit couler le verre sur l'argile recuite : je fis un moule avec soin, il fut bien recuit & chauffé avant de m'en servir : le verre, quoique très-bien affiné à l'instant que je l'y coulai, se

bourfouffla en un grand nombre d'endroits ; acquit, par les foufflures, au
moins deux fois fon volume. Ce phénomène fingulier ne peut, je penfe,
être attribué qu'à la matière expanfive
que la chaleur du verre força l'argile
de lâcher.

A mon retour du Hainaut, loin de
perdre de vue mes obfervations fur la
caufe des foufflures, je cherchai à les
porter au degré d'évidence dont je les
croyois fufceptibles. Je fis fondre du
cuivre allié de différentes manières, &
je le laiffai refroidir dans le creufet même
où il avoit été fondu, il ne parut point
de foufflures ni de matière hétérogène
dans les culots ; j'eus beau les ratiffer,
les faire fcier en plufieurs fens, je les
trouvai par-tout également compactes,
également homogènes. Cela n'arriva,
très-probablement, que parce que le
feu étant fupprimé, il ne s'étoit mêlé
avec le métal aucun corps étranger &
aucun corps capable d'expanfion. Dans

la vue de m'en affurer, je fis fondre
du cuivre jaune dans un creufet ; après
que le métal m'eut paru bien fondu, je fis
enlever avec foin les fcories, & je fup-
primai le feu : on verfa la matière dans
un autre creufet qui avoit été rougi ;
& à mefure qu'on verfoit, je fis jeter
de la pouffière d'argile, compofée de
bourre & de crotin ; il fe trouva dans
le culot des foufflures bien fenfibles. J'ai
été obligé de répéter plufieurs fois cette
expérience, elle eft difficile à faire ; fi
la matière eft bien fluide, la pouffière
monte à la furface, & par conféquent
le peu de vapeur qu'elle a donnée s'é-
chappe : fi la pouffière n'a pas été def-
féchée convenablement, il fe fait une
explofion dangereufe pour ceux qui opè-
rent.

D'après les obfervations & les expériences que nous avons rapportées, il
me paroiffoit certain que la caufe des
chambres & des foufflures ne pouvoit
être que dans les matières hétérogènes,

fur-tout de la nature de celles des réfervoirs, des moules & noyaux qui fe
mêlent avec le métal au moment qu'on
le coule ; qu'elle étoit étrangère aux
métaux & à leur fufion. Il me reftoit
une légère inquiétude que je me hâtai
de diffiper ; la plus grande attention ne
m'avoit fait découvrir aucune foufflure
dans les culots refroidis, dans les creufets
même où ils avoient été fondus ; mais
je n'étois pas affuré qu'il n'y en eût de
celles qui fe dérobent à l'œil le plus per-
çant, armé même de la meilleure loupe.
Je favois que le verre en fufion étoit le
moyen le plus fûr pour découvrir les
foufflures de la nature de celles dont je
viens de parler : dans l'intention de fou-
mettre à cette épreuve rigoureufe ce
métal refroidi dans le vafe même où
il a été fondu, je fis faire un fourneau,
dont le baffin étoit plan & peu profond ;
je mis dans ce baffin fix cents livres de
cuivre compofé : lorfque je me fus convaincu, par les moyens ordinaires, que

tout étoit bien fondu , que la matière
étoit dans fa plus grande fluidité, je fup-
primai le feu ; deux jours après j'eus un
plateau de cuivre de trente-quatre pouces de longueur & de vingt-deux pouces
de largeur , où l'on ne put découvrir la
moindre apparence de foufflure. J'en fis
fcier quelques morceaux ; on en leva
d'un côté , fur l'épaiffeur, plus de deux
lignes; aucune foufflure ne fe manifefta ,
au grand étonnement de celui qui avoit
poli, en grande partie , les deux tables fur
lefquelles on coule les glaces à Saint-Gobin : le plateau bien uni & chauffé convenablement , j'y fis couler deffus du
verre auffi chaud qu'il fut poffible, il ne
parut point de foufflures. L'expérience
a été répétée un grand nombre de fois ,
dans des temps différens , & après avoir
expofé le plateau à l'humidité , toujours
avec le même fuccès. Comme cette expérience avoit trait à un objet particulier,
il en a été dreffé un procès-verbal , & le
plateau exifte encore dans fon entier.

B iv

J'ofe me flatter d'avoir démontré folidement la vraie fource des foufflures
des métaux coulés ; mais quel fruit peut-
on tirer de ma découverte ? Il ne me
paroît pas qu'on doive la regarder comme
ftérile : l'expérience a déjà prouvé qu'elle
étoit très-utile pour un objet important.
Je fuis fâché qu'une difcrétion, peut-
être mal entendue, car l'intérêt des arts
femble n'en fouffrir aucune, ne me per-
mette pas de rendre compte dans ce
mémoire de l'heureufe application que
j'en ai faite.

Les canons font pour l'état un objet
de très-grande conféquence ; on fait
combien les chambres, les foufflures
leur font préjudiciables. Pour les en ga-
rantir, il n'eft point de recherche, de
tentative qu'on n'ait faite depuis leur invention : les plus grands efforts avoient
été fans fuccès jufqu'au temps où le fieur
Maritz a paru en France, & a établi fa
méthode admirable de forer les canons.
Ceux qui ont examiné fa machine, l'ont

trouvée d'une simplicité qui prouve le génie de l'inventeur, & il est certain qu'elle produit un effet aussi sûr que prompt: j'ai lieu d'espérer que personne, pas même le sieur Maritz, pour lequel je suis rempli d'estime, ne trouvera mauvais que j'examine ici, avec quelque attention, les effets de cette nouvelle méthode. Autrefois on couloit les canons avec un noyau, & ils avoient beaucoup de soufflures; il semble qu'on devoit s'y attendre. Il est naturel de penser que le métal, en coulant dans le moule, détachoit quelques parties de la matière du noyau, qui, enveloppées par ce métal tout en feu, donnoient une vapeur capable de faire des chambres, & que la chaleur employée pour le dessè-chement du moule, n'avoit pu dissiper.

Le grand artiste que nous venons de nommer, coule les canons pleins, & les fore ensuite en même temps qu'il les tourne: il prévient ainsi un grand nom-bre de soufflures, sur-tout dans l'inté-

rieur, où elles font le plus dangereufes ; ce qui fait le grand avantage de fa
méthode. En fupprimant le noyau , il
eft certain que la fource des chambres
eft confidérablement diminuée , mais
elle n'eft pas entièrement tarie.

Il peut fe détacher également de la
matière des réfervoirs & des parois
intérieures du moule ; l'expérience ne
prouve que trop que les canons forés ne
font pas exempts de foufflures ; M. Dupuget, officier d'artillerie, très-favant
& d'un très-rare mérite, me l'a affuré
très-pofitivement. Qu'il me foit permis
de faire voir en deux mots à quel prix
nous achetons cette perfection des nouveaux canons ; 1°. en coulant plein , on
n'a par fonte qu'environ moitié du nombre des canons qu'on avoit par fonte
avant la fuppreffion du noyau ; 2°. le
moule fans noyau eft moins folide , & il
a à foutenir le double environ de métal ;
auffi arrive-t-il quelquefois que la pièce
n'eft pas droite , ce qui la rend inutile ,

ou est très-difficile à réparer ; 3°. les canons forés sont plus tendres, bavent plus
promptement que les canons coulés avec
un noyau : deux bons juges en cette matière, M. Dupuget & le baron de Mélé,
me l'ont assuré, & cela paroît très-con-
formeàl'idée que nous avons de l'effet des
refroidissemens plus ou moins prompts ;
4°. il en coûte sans doute assez gros
pour monter, entretenir & faire aller la
machine à forer, & en perte de métal,
ne fît-on attention qu'au déchet de la
seconde fonte. Ces inconvéniens ne doivent pas diminuer les obligations que
nous avons au sieur Maritz, & je ne les
ai certainement pas fait remarquer dans
cette vue.

L'excédant des chambres des canons
coulés avec un noyau, ne procédant
évidemment que des matières détachées
de ce même noyau, il est à présumer
qu'on pourroit corriger avantageusement
l'ancienne méthode, & peut-être attendre de ces corrections, des canons qui

ne le céderoient en rien à ceux de la nouvelle : tout l'art confifteroit, felon moi, à faire des noyaux tels, que le métal en coulant n'en détachât aucune matière & ne pût en faire fortir aucune vapeur ; la chofe ne me paroît pas impoffible. Je vais hafarder ce qu'une affez longue étude des argiles, & de la manière de les traiter, peut m'avoir appris de plus relatif au fujet dont il s'agit. Je commencerois par écarter la bourre & la fiente de cheval ; ces matières n'entrent dans la compofition des moules & des noyaux que pour empêcher les gerçures ; mais il y a d'autres moyens auffi efficaces : elles font un obftacle à une étroite liaifon des parties argileufes & mélées avec l'argile ; il n'y a qu'une chaleur exceffive qui puiffe en chaffer tout ce qu'elles ont d'expanfif, comme nous l'avons fait remarquer plus haut. Je n'employerois pour les noyaux que des argiles pures préparées avec foin : on en trouve de très-bonnes dans prefque toutes les pro-

vinces , à la Béliére en Normandie , à
Autrages dans la Flandre , à Forges
dans le Hainaut , à Suzi en Picardie ,
à Villentrode en Champagne , &c. Il
convient de faire paſſer cette argile par
pluſieurs lotions , pour en extraire tout
ce qu'il peut y avoir de ſalin & la matière graſſe la plus groſſière , qui monte
toujours à la ſurface de l'eau , lorſqu'on
laiſſe à celle-ci le ſoin de pénétrer & de
délayer l'argile. Après que cette argile
eſt deſſéchée, on en fait brûler environ la
moitié à une flamme bien claire , & aſſez
long-temps pour que , pilée & délayée
dans l'eau , elle n'ait plus de liaiſon. Il
faut que cette terre pilée ſoit paſſée par
un tamis d'abord très-fin , & enſuite par
un moyen ; ſi le ciment , en termes de
verrerie , étoit trop gros , il nuiroit à
la ſolidité ; s'il étoit trop fin , il rendroit
le deſsèchement difficile , & occaſione-
roit des gerçures. On doit mêler quatre
parties de cette argile brûlée & tamiſée ,
avec cinq parties de celle qui ne l'a pas

été, & les faire pétrir à l'ordinaire avec la plus grande attention : la pâte doit être d'une confistance moyenne ; fi elle étoit trop dure, les différentes couches ne fe lieroient pas bien enfemble ; fi elle étoit trop molle, le noyau pourroit fe déjeter, le defséchement en feroit plus long & la retraite plus confidérable. Il eft néceffaire de faire le noyau hors de la foffe : le feu qu'on a employé pour deffécher le moule, ne fuffiroit pas pour le recuire parfaitement : ce noyau peut être fait dans un calibre de bois bien fec & bien folide, dont l'ouverture ait trois quarts de pouce de plus que celui du canon. Je fixerois au centre de ce calibre un bâton bien droit de bois fec, d'un pouce environ de diamètre, & de deux pouces plus court que le noyau, de façon qu'il ne fortiroit que d'un bout du noyau ; le vuide que laifferoit ce bâton, lorf-qu'il feroit confumé par le feu, ne por-teroit aucun préjudice à la folidité du noyau, diminueroit le danger des gerçures , & faciliteroit l'intime recuiſſon : ce calibre doit être rempli par petites portions , & il faut avoir foin de bien preſſer l'argile & regrater avant d'en mettre de nouvelle. Les noyaux faits de cette manière , doivent être deſſé-chés très-lentement & bien ſecs , mis dans un fourneau pour y ſouffrir un feu violent pendant huit ou dix jours ; le feu ſupprimé, on bouchera exactement tou-tes les ouvertures du fourneau, & on ne lui donnera de l'air que lorſqu'on n'y ſentira plus de chaleur : on aura par ce moyen des noyaux très-durs , très-ſoli-des, dont le métal , en coulant , ne détachera rien , & qui ne donneront aucune vapeur. Il conviendra de les uſer avec un grès dur, autant qu'il ſera néceſ-ſaire, pour les rendre parfaitement unis. Un fondeur intelligent trouvera dans la méthode que je viens de donner ſur la compoſition des noyaux , les idées né-ceſſaires pour perfectionner la compoſi-tion des moules ; il peut ſubſtituer avec avantage au crotin & à la bourre, le foin, appellé *regain* haché, en rejetant les brins les plus forts.

Je crois que l'ancienne méthode, ainsi corrigée, donneroit des canons aussi bons que la nouvelle ; mais il ne faut pas se faire illusion, ni l'une ni l'autre n'en donnera jamais de parfaits : telles précautions que l'on prenne, il pourra se méler avec le métal, au moment qu'on le coule, quelque matière capable de donner une vapeur par l'embrasement, & passer avec le métal dans le moule au moins quelques parcelles de scories ; ce qui formera un défaut d'homogénéité dangereux.

Je suis persuadé qu'il n'y a qu'un moyen d'avoir des canons tels qu'on peut les desirer, c'est de ne pas les couler ; mais ce moyen est-il praticable ? je vais l'envisager sous différens points de vue ; l'académie jugera ce qu'on en peut raisonnablement attendre. Il est possible de faire un fourneau, dont le

baffin foit plan ou incliné dans fa longueur de deux pouces, & qui ait cinq
pieds & demi de largeur, fur dix pieds
& demi de longueur & vingt-deux pouces de profondeur. Si l'on met dans ce
baffin une fuffifante quantité de cuivre
allié, pour qu'il foit plein après la fufion ; & fi, lorfque la matière fera bien
fondue & bien dépurée, on la laiffe refroidir dans le fourneau, on aura une
table de cuivre auffi parfaite que le plateau dont nous avons parlé plus haut.
Cette table, fciée en trois fur fa longueur, fournira de quoi faire trois pièces
de vingt-quatre, par le fecours de la
machine à forer du fieur Maritz, auffi
compactes & auffi homogènes qu'il
foit poffible, mais il en coûteroit fans
doute beaucoup pour fcier & pour tour-
ner ces canons. Je penfe qu'on pourroit
fe procurer le même avantage d'une manière plus fimple & moins difpendieufe ;
il n'y a qu'à faire le moule du canon
dans le baffin du fourneau, comme il

eſt repréſenté dans le plan en *D D*; à meſure que la matière fondroit, le moule ſe rempliroit, les canons ſeroient pleins, auſſi bons que par la méthode précédente, & il n'y auroit qu'un arête de quelques pouces à emporter. Il ſeroit bien à ſouhaiter qu'on pût s'épargner la peine & la dépenſe du forage : je ne vois qu'un moyen, ce ſeroit de mettre un noyau qui, d'un bout, ſeroit ſoutenu dans le pied droit du baſſin, & du côté de la culaſſe du canon, par un tenon fixé au fond du moule (*voy. E F*). Les noyaux que j'ai propoſés ci-deſſus, ſeroient aſſez ſolides, mais le tenon laiſſeroit une ouverture fâcheuſe : pourroit-elle être bouchée ſolidement avec une vis de même métal ou par quelqu'autre moyen ? quoiqu'un fondeur de province, aſſez intelligent, me l'ait aſſuré, je n'oſerois décider la queſtion. Si cela étoit poſſible & ſans danger, il ſeroit peut-être auſſi ſimple d'ajouter après coup une culaſſe. Ces méthodes ont ſans

doute de très-grandes difficultés ; com—
ment conſtruire un fourneau de cette
étendue , aſſez ſolide & propre à donner
une chaleur capable de fondre promptement la matière ? ſi la réuſſite ne dépen-
doit que de là , je crois qu'on pourroit
s'en flatter. Les reſſources de la Pyrotechnie ne ſont certainement pas épui-
ſées dans les fourneaux ordinaires des
fondeurs : il me ſemble qu'il faudroit
ignorer les vrais principes de cet art ,
pour douter qu'on ne puiſſe changer les
dimenſions des fourneaux, ſans perdre la
ſolidité néceſſaire , & ſans ſe priver du
degré de feu le plus avantageux. J'oſerois eſpérer de le démontrer , ſi je n'é-
tois certain que cela me mèneroit trop
loin.

En donnant au baſſin une ſi grande
étendue , il ſe perdra , dira-t-on , beaucoup de métal ; cela arriveroit indubitablement ſi l'on fondoit à l'ordinaire. Il
eſt certain que le feu prive d'autant plus
le métal de ſon phlogiſtique , toutes

chofes égales d'ailleurs, que la furface fur laquelle il agit eft plus grande. Le moyen de prévenir, ou du moins de diminuer confidérablement cette perte, eft connu ; il ne faut que donner au métal de nouveau phlogiftique à mefure que le fien lui eft enlevé. Lorfque je fondis le plateau dont j'ai déjà parlé plufieurs fois, je fis jeter fur le métal beaucoup de corne de cheval, je n'eus qu'un déchet d'environ trois pour cent.

On peut encore objeêter qu'à chaque fonte il faudroit un nouveau fourneau : quand cela feroit, je penfe qu'il y auroit à gagner fi cette méthode donnoit de beaucoup meilleurs canons, comme il me paroit qu'on ne peut guère en douter. Je crois que pour tirer les canons, il fuffiroit de démolir une portion du fourneau : pour en fondre de nouveaux, on n'auroit qu'à réparer folidement la brèche & refaire les moules dans le baffin. N'en coûte-t-il pas autant pour vuider une foffe & reconftruire les moules ?

peut-être même y auroit-il moyen de se procurer une économie précieuse. Les canons de fer, faits suivant cette méthode, seroient-ils de beaucoup inférieurs à ceux de cuivre allié coulés à l'ordinaire? Cet objet demande de nouvelles recherches,& pourra me fournir dans la suite le sujet d'un mémoire. Je ne me flatte pas d'avoir levé toutes les difficultés de la méthode que j'ai proposée ; cela demanderoit des expériences qu'on ne peut attendre d'un particulier : n'eussai-je que donné de nouvelles vues sur une matière aussi importante , je m'estimerois très-heureux.

Tout ce que nous avons dit dans ce mémoire , nous paroît exactement vrai ; mais depuis qu'il est imprimé nous avons découvert une nouvelle cause des soufflures du fer. Dans la suite de nos œuvres nous l'indiquerons , & nous donnerons les moyens d'en prévenir les mauvais effets. La réticence à laquelle nous nous condamnâmes lorsque nous eûmes l'honneur de lire notre mémoire à l'académie, avoit pour objet, les tables de cuivre allié à couler les glaces. L'extrême difficulté, pour ne pas dire l'impossibilité de couler ces tables de bonne qualité & d'une étendue considérable, faisoit celle de la partie la plus intéressante de l'art des glaces à miroir, qu'on appelle *le coulage.*

On avoit imaginé deux méthodes de couler ces tables, perpendiculairement & à plat; l'une & l'autre furent successivement mises en usage, sans succès satisfaisant. Que de peine & de dépense pour construire un moule assez solide, & pour dresser convenablement ces tables coulées dans ce moule ! Les deux tables que Maritz l'aîné coula à saint-Gobin en 1740, coûterent à la manufacture, en fausses épreuves, & en dépenses de toute espece, plus de 500,000 l. & nous avons observé dans notre mémoire, qu'elles étoient très-imparfaites. Nous ajouterons ici, que les plus gran-

des glaces qu'on pût y.couler , étoient
de 100 pouces fur 60.

Trois expériences en grand , ont démontré que notre méthode n'eſt expo-
ſée à aucun des inconvéniens des anciennes ; qu'elle eſt infiniment plus éco-
nomique ; qu'elle rend les foufflures, fi
dangereuſes puiſqu'une feule peut faire
perdre une glace , phyfiquement impoſ-
fibles, & qu'elle peut donner des tables
aſſez étendues pour y couler deſſus des
glaces de 20 pieds de hauteur fur 12
pieds de largeur , fi on le defiroit & fi
cela étoit utile.

Pour opérer ce miracle de l'art , il ne
faut que conſtruire folidement en pierre
ou en briques réfractaires , un fourneau
à deux *tiſards* ou *chauffes* , dont le fond
parfaitement uni & de niveau , ait la
grandeur & la forme du parallélipipède
métallique , qu'on doit avoir ; de bien
deſſécher ce fourneau ; d'y jeter dedans ,
lorfqu'il eſt au plus haut degré de chaleur , parties égales de cuivre rouge &

de cuivre jaune , & en quantité fuffifante
pour que la table ait quatre pouces d'é-
paiffeur ; de répandre de temps en temps
fur le métal pour en accélérer la fufion ,
de la *potaffe rouge* , ou non calcinée ,
mélée avec de la fuie & des rognures de
corne ; d'ajouter au *bain*, lorfqu'il eft le
plus liquide poffible , un vingtième d'é-
tain pur ; & après avoir exactement
braffé , avec de bonnes *burges* de bois
fec, ce bain , de ceffer le feu & de laiffer
lentement figer & refroidir le métal allié. Il n'eft point néceffaire d'enlever
les fcories de deffus le bain ; après le refroidiffement , elles fe détacheront avec
facilité. On voit que, fuivant cette nouvelle méthode , le fourneau & le moule
font une feule & même chofe.

Quelque fimple que foit cette découverte , il eft probable qu'on en fentira
tous les avantages. Elle doit paroître
d'autant plus importante , qu'elle leve
la principale difficulté de la fabrication
des grandes glaces ; que le coulage donne

des

des glaces auſſi parfaites, & d'un volume
beaucoup plus conſidérable que le ſouf-
flage ; que celui-ci eſt un art très-difficile, & que celui-là ne demande que
des manouvriers, qu'il eſt très-aiſé de
former, & une bonne table, & que conſéquemment le premier eſt moins diſ-
pendieux que le dernier.

EXPLICATION DE LA PLANCHE.

AA, ATRE pour le feu.

BB, Ouvertures des cendriers.

CC, Ouvertures pour la communication du
feu dans le fourneau.

DD, Canons pleins, vus dans leurs moules.

E, Canon où les lignes ponctuées déſignent
le noyau.

F, Place de la lumière ſous laquelle ſe
trouve le tenon qui ſoutient le noyau.

GG, Ligne à laquelle ſe termine la repré-
ſentation des moules dans le deſſein
du fourneau.

MÉMOIRE

Qui a remporté, en 1760, le Prix proposé par l'Académie Royale des Sciences : *Quels sont les moyens les plus propres à porter l'économie & la perfection dans les Verreries de France?*

Non fingendum, aut excogitandum, sed inveniendum, quid natura faciat aut ferat. BACON.

L'ART de la verrerie est un des plus importans dont la chymie ait enrichi les hommes. Il nous fournit les vases les plus commodes & les plus agréables. Sans nous priver des charmes de la lumière, il nous donne les moyens de nous mettre à couvert des injures de l'air. La conservation d'une infinité de liqueurs précieuses lui est uniquement due. C'est par son secours que nous remédions aux défauts de notre vue, ou que nous réparons les ravages que les années manquent rarement d'y produire. D'où nos appartemens tirent-ils leurs plus belles, leurs plus nobles décorations? c'est de l'art de la verrerie. Peu de sciences, peu d'arts peuvent se passer de son concours. Que ne lui doivent pas l'histoire naturelle, l'astronomie, la physique expérimentale, & sur-tout la chymie !

Un art, dont l'utilité est si étendue & les phénomènes si propres à piquer la curiosité, devroit avoir déjà fait les plus grands progrès. Cette conséquence paroît naturelle ; mais il est certain que l'art de la verrerie est très-imparfait. Dès son berceau, les chymistes l'ont abandonné, pour ainsi dire, à des gens incapables d'en pénétrer la nature, d'en développer les principes, d'en connoître toutes les reſſources. Il a dégénéré en routine aveugle. Un petit nombre de ſavans ont fait quelques efforts pour l'en tirer. Perſuadés que la nature ſe montre imparfaitement dans les laboratoires ordinaires, ils ſe ſont donné la peine d'aller en étudier les moyens dans les verreries.

Agricola [a] eſt, je penſe, le premier qui ait écrit avec quelque détail ſur cet art : mais ce qu'il dit ſur la matière dont ſe fait le verre, ſur les fourneaux où il ſe fait, & ſur la manière dont on le fait, n'eſt qu'une ſimple deſcription de ce qu'il avoit vu pratiquer dans les verreries de ſon temps. On ne trouve, dans le douzième livre de ſon traité de *métallique*, preſque aucun principe certain, aucune obſervation judicieuſe, aucune vue utile. Il y a même des er-

___

[a] *Georg. Ag. de Re metal. lib.* 12. *& de Nat. foſſil. lib. 5. p. 274, 275.*

reurs groffières que nous aurons occafion de relever ; entr'autres, que le *fel gemme* combiné avec le fable , produit du verre.

Néri eft regardé comme l'oracle de l'art de la verrerie. Il ne dit cependant pas un mot des fourneaux ni des creu-fets qui en font la véritable bafe. La compofition que *Kunckel* rapporte en quatre lignes , vaut affurément mieux que tout ce que *Néri* a dit fur les diffé-rentes manières de préparer les matières & de faire le criftal [a]. Ses commenta-teurs ne nous offrent pas de plus gran-des reffources. *Merret* n'a ajouté à ce qu'avoit écrit *Agricola* fur les fourneaux, & fur la manière de travailler le verre , que quelques pratiques angloifes de peu de conféquence. Ses notes fur *Néri* prou-vent qu'il avoit plus lu qu'opéré. *Kunc-kel*, avec moins de travail , auroit été

---

[a] V. la pag. 101 de l'art de la Verr. trad. fr. in-4°.

infiniment plus loin , s'il avoit eu des
principes. Tout fe réduit dans fes remar-
ques à quelques méthodes particulières,
la plupart pratiquées dans les verreries
de fon temps, & à quelques obfervations
utiles. *Néri* & *Merret* n'avoient eu en
vue que le beau verre, fans s'embarraffer
de la dépenfe. *Kunckel* a fenti que la
perfection de l'art confiftoit à produire
la plus belle qualité avec le moins de frais
poffible , ce qui eft un mérite. Je ne
crois pas qu'on puiffe tirer de plus grandes lumières du précis que le célèbre
Henckel a donné de *Néri*, *Merret* &
Kunckel, ni de ce qu'il a ajouté fur fes
trois efpèces de verre , minéral , végétal
& mixte [a]. L'art auroit été fans doute
enrichi d'utiles découvertes , fi ce favant minéralogifte avoit été à portée ,
comme il le dit lui-même , d'opérer
dans des fourneaux de verrerie.

L'art de la verrerie d'*Haudiquer de*

---

[a] *Henckel*, *Flor. faturn. cap.* 11.

Blancourt est, à quelques changemens
& additions près, une traduction de ce
qu'*Agricola* avoit écrit sur cette matière, des sept livres de *Néri* & des
notes de *Merret*. Cet ouvrage se feroit
lire avec plaisir, si l'auteur ne donnoit
trop fréquemment dans les idées extraor-
dinaires de l'alchymie. *Haudiquer* s'attribue tout, & ne cite pas même *Néri*.
Sa traduction ne me paroît pas plus propre à perfectionner l'art de la verrerie
que les originaux *a*.

Ce que le célèbre *Boerhawe* a écrit
sur cette matière dans ses *élémens de
chymie*, ne répond pas, j'ose le dire,
à sa réputation ; il n'y a peut-être pas
dans tous ses ouvrages de morceau plus
foible que l'article de la vitrification.
Voyez ses *élémens de chymie*, tom. VI,

---

a 2 vol. *in-12*. imprimés en 1696 chez J.
Jombert ; réimprimés & augmentés d'un traité
des pierres précieuses & des glaces à miroir, en
1718, chez C. Jombert.

C iv

pag. 157 & suiv. tom. V, p. 276, 277,
316 & suiv. trad. françoise.

Ne nous flattons point de trouver de
plus grands secours dans les ouvrages que
Merret cite vers la fin de sa préface [a].
On ne voit, dans les auteurs dont nous
venons de parler, presque aucun principe solidement établi, aucun phénomène clairement expliqué : tout se réduit, à peu de chose près, à des méthodes particulières, à des préceptes
relatifs aux matières qu'ils ont eues sous
leurs mains, ou aux fourneaux dont ils se
sont servis ; tout cela est donc peu utile
à ceux qui ont à opérer dans des circonstances différentes. Ils n'ont rien dit
de satisfaisant sur la matière, la préparation & la construction des fourneaux ;
sur la composition & la forme des creusets ; sur la proportion qu'il doit y avoir
entre les creusets & le fourneau ; sur le

------

[a] *V. liber com. alch. part.* 1, *cap.* 20. *Ferrant.*
imper. lib. 14 & 15 : & *Post. lib.* 6, *cap.* 3, &c.

degré de feu le plus avantageux ; fur la
nature des matières à convertir en verre;
fur les caufes de la dépuration , de la plus
ou moins grande tranfparence , des couleurs , du plus ou moins de folidité , des
bulles , des *nuages* , des *graiffes* , de la
rouille ou *plombé* , des *filandres* , des
veines du verre ; fur la nature & les effets de la bonne *recuiffon* , &c. Eft-il un
art dont la théorie foit fi imparfaite ? Il
eft à préfumer que les lumières qu'on acquiert tous les jours en chymie nous
mettront dans peu de temps en état de
l'approfondir & de l'étendre. Perfonne
ne me paroit nous avoir fourni autant
& d'auffi bons matériaux , que le favant
M. *Pott*[a] ; mais il faut être plus que
fimple artifte pour les mettre en œuvre.
(*A*)

─────────────────────

a V. dans les Mém. de l'Ac. de Berlin, les
Mém. de ce grand chym. fur la magnéfie des
verriers , fur les creufets, fur le fel de verre ; &
fur-tout fa lithog. Pyrotbec. & cuntinuation.

Jettons un coup-d'œil rapide sur la pratique de l'art de la verrerie. Arrétons-nous un inftant sur les productions de la routine. Voyons quelle eft la qualité & le prix des ouvrages de verre. Nous aurons occafion, dans la fuite de ce mémoire, d'examiner les fourneaux, les creufets, les compofitions & les méthodes actuellement en ufage.

Il n'y a point d'endroit où la verrerie ait été fur un pied plus brillant qu'à *Murano*. Les Vénitiens faifoient un commerce confidérable en miroirs, en criftal, & en toute efpèce de verre. Ils ont, pour ainfi dire, entièrement perdu cette branche importante. Il ne refte à Venife qu'un homme qui faffe du criftal eftimé, & il le vend à un prix exceffif. Les glaces de *Murano* font les plus mauvaifes de l'Europe ; & quoique moins chères que les nôtres, pour les bas volumes, elles ne font pas recherchées.

Les verreries angloifes ont une grande réputation. Elles ne font pas fort anciennes. Leurs progrès rapides font dus à l'attention fingulière du gouvernement à ne pas leur donner des entraves, à ne pas confondre l'intérêt du public avec celui du particulier. Les glaces, le criſtal, le verre blanc & commun, forment aujourd'hui une branche confidérable du commerce de la Grande-Bretagne. L'étranger confomme les quatre cinquièmes des glaces angloifes. Il n'eſt point de-pays où les Anglois ne trouvent moyen d'introduire leurs ouvrages de criſtal & de verre. Autrefois ils tiroient de France prefque tout le verre dont ils avoient befoin ; aujourd'hui ils nous fourniſſent des luſtres, des lanternes, des verres à boire, des verres d'optique de toute grandeur, &c. La manufacture de Londres ne cède qu'à celle de *Neuſtad* pour la beauté des glaces. On peut en voir des morceaux chez le fieur *Sayde*, opticien de la reine, à Paris, quai des Morfondus. Les grands volumes font très-chers. Des glaces de cent quarante-qua-

C vj

tre pouces de hauteur fur quarante
pouces de largeur, fe font vendues
jufqu'à mille guinées *a*. Quelque flo-
riffantes que foient leurs verreries, les
Anglois ne doivent point fe flatter, avec
John Cary, qu'elles foient *portées à la
plus haute perfection*. Leur criftal n'eft
pas d'une belle couleur : il tire fur le
jaune ou fur le brun, pour peu que la
couleur rouge de la *manganèfe* domine. Il
eft fi mal cuit, qu'il reffue le fel, fe
craffit, fe rouille promptement, eft
rempli de *points* & nébuleux. Un coup-
d'œil jeté fur les gâteaux de criftal que
les Anglois font pour l'optique, en con-
vaincra. Il a encore un autre défaut ca-
pital, c'eft d'être extrêmement tendre.
Ils vendent cher leurs ouvrages : peut-
être feroient-ils forcés de baiffer les prix,
s'ils avoient des concurrens pour les
lanternes & pour les verres d'optique.

Il fe fait un grand commerce d'ouvra-

____

a V. le prem. vol. chap. 9 de l'effai fur l'état
du comm. de la Grande-Bretagne.

ges de criſtal & de verre blanc dans pluſieurs parties de l'Allemagne , en Saxe ,
en Bohême , dans la Franconie ; le Palatinat , &c. Il nous vient , de ces différens endroits , pour des ſommes conſidérables de luſtres , de bras de cheminée , de flacons , carafons , verres
& gobelets , de criſtaux de table , de
verres à vitres , à cadran , à eſtampes ,
ſoufflés ſans *boudine* , & coulés en table
ſans *boudine* , &c. *a*. Le plus beau
criſtal d'Allemagne a deux avantages ſur
celui d'Angleterre , d'être plus blanc &
moins cher , quoiqu'il ſe vende à Paris
depuis trois livres dix ſols juſqu'à cent
ſols la livre tout taillé. Il joint aux autres défauts de celui d'Angleterre ceux
d'être *filandreux* , & rarement exempt
de petites pierres ou grains de ciment.
Les verres plats de Bohême & du Palatinat ſont bien éloignés de la perfection

—————————————————

a V. les arrêts de conſeil en fait de verrerie.

dont je les crois fusceptibles. Ils ont un grand nombre de défauts ; mais le plus défagréable , c'eft d'être d'une épaiffeur inégale , *ondulés*. Les verres coulés en table de Nuremberg , font d'un verre commun bien *affiné* , très-bien polis , & fe vendent au moins vingt-cinq pour cent meilleur marché que nos glaces. On en trouve chez plufieurs miroitiers de Paris , & chez le plus grand nombre de ceux de province. (*B*)

Le verre de nos verreries peut être divifé en quatre efpèces : verre à bou-teilles ; verre commun verd , dit *cham-bourin* ; verre fin , blanc ; criftallin & criftal. Je ne connois que trois verreries en France où l'on faffe de bonnes bou-teilles, *Folembrey* dans la forêt de Coucy, *Anor* dans le Hainaut françois, & *Séves* près de Paris. Celles qu'on fait dans le pays de *Bareuth* & à *Delln* dans le Bran-debourg , leur font fupérieures pour la qualité & fe vendent moins cher. A peine notre verre fin pafferoit-il pour le verre commun d'Allemagne, & notre criſtal pour le verre blanc étranger. Pour s'en convaincre, on n'a qu'à comparer le verre plat, fin, ou de *deux feux* de Normandie, avec le verre commun à vitres du Palatinat ; & le criſtal de la verrerie de *la Pierre*, avec le verre blanc de Bohême, ou avec les morceaux de verre blanc d'Angleterre qu'on trouve chez le ſieur *Sayde*. Il n'y a pas je crois de verre à vitres plus imparfait que celui de nos groſſes verreries : il eſt rempli de défauts, de *bouillaſſes*, de *filandres*, de *larmes*, de *pierres*, mal *recuit*, ſe *plombe* très-promptement, & il eſt coloré au point d'être peu tranſparent, quoique fort mince. Dans quelques verreries, on a cherché à imiter les lanternes d'Angleterre ; mais on eſt très-éloigné d'y avoir réuſſi parfaitement.

Sur la fin du dernier ſiècle, Abraham *Thevart* fit une très-belle découverte en fait de verrerie : il trouva le moyen de couler le verre pour les glaces à miroir.

Qu'en eſt - il réſulté? des glaces d'un
plus grand volume ; & rien de plus. Les
ouvrages de nos verreries ſont d'une
mauvaiſe qualité & fort chers *a*. S'é-
carteroit-on de la vérité, ſi l'on avan-
çoit que nos verreries ſont plus utiles à
l'Eſpagne qu'à la France? Elles emploient
annuellement pour près de deux millions
de ſoudes d'Alicante & de Carthagène:
mais c'eſt trop s'arrêter ſur une choſe
qui fait notre honte. Perſonne n'ignore
que nos verreries ſont dans un état dé-
plorable. Le prix extraordinaire que l'a-
cadémie royale des ſciences a propoſé,
pour ſeconder les vues d'un zélé citoyen,
ne nous permet pas d'en douter. Cette
compagnie reſpectable ne promet la pal-
me qu'à celui qui aura donné les moyens
les plus propres à porter la perfection &
l'économie dans les verreries du royaume.

---

a Nos grandes glaces ſe vendent quinze ou
ſeize francs la livre peſant : le calcul en eſt aiſé.
Ces glaces ont trois à quatre lignes d'épaiſſeur;
& le pied cube de verre pèſe environ 175 liv.

Elle n'exige pas uniquement qu'on faſſe du beau verre, elle veut auſſi qu'on puiſſe le faire à peu de frais : & ces deux condi-tions remplies, nos verreries feront cer-tainement en état de foutenir la concur-rence avec les verreries étrangères. (*C*)

Je ne doute pas qu'un grand nombre de perſonnes, en rendant juſtice aux vues & au zèle de l'académie, ne mettent ce prix au rang de ceux de la quadrature du cercle, de la pierre philoſophale, *&c.* On eſt aſſez généralement perſuadé qu'il eſt impoſſible de faire en France d'auſſi beau verre & au même prix qu'en Allemagne. En Saxe, en Bohême, dans la Franconie, dans le Palatinat, dit-on, les beaux cail-loux ſont très-communs, & nous en man-quons : le *ſalin*, où le ſel alkali fixe, ex-trait des cendres des bois, y eſt abon-dant & à bas prix ; & nous n'avons que des matières inférieures & fort chères : le bois y eſt pour rien ; & nous l'achetons à un prix exceſſif. N'y a-t-il point là d'exagération ? notre vanité ne cherche-

roit-elle pas à excufer notre négligence?
Suppofé que cela fût auffi exact qu'il me
le paroît peu, a-t-on examiné la chofe
d'affez près? a-t-on fait affez de recherches & d'expériences, pour décider que
nos verreries ne fauroient trouver, dans
le royaume, au moins l'équivalent des
avantages des verreries d'Allemagne? Je
me félicite, pour le bien de ma patrie,
de pouvoir en douter. Les circonftances
favorables où je me trouve depuis long-
temps, m'ont permis d'envifager la matière fous un affez grand nombre de fa-
ces, pour me croire même en état de
prouver que la France peut faire ceffer
les importations, fabriquer elle-même
du verre auffi beau & à plus bas prix que
celui de l'étranger. Ce ne feront point
des fpéculations creufes, ni des raifon-
nemens vagues qui me fourniront les
preuves ; je ne les tirerai que des expériences fouvent répétées & dans le très-
grand. Si j'avance quelque chofe que je
n'aie pas foumis à cette pierre de touche,
j'aurai foin d'en avertir.

DES FOURNEAUX ET DES CREUSETS.

L'INTELLIGENCE du fondeur, l'a-
dreſſe des ouvriers, le choix & la pureté
des matières, font de foibles reſſources
pour le maître de verrerie, s'il n'a un
bon fourneau de fuſion, & des creuſets
convenables. Quelque peu diſpoſées à la
vitrification que ſoient les matières dont
il a conſtruit l'un & fabriqué les autres,
ſes ouvrages ſeront infectés de *larmes* &
de *filandres*. La négligence ou l'impéritie, dans la préparation de ces matières,
produira des dégradations ruineuſes, ou
des couleurs étrangères dans le verre.
Le défaut de proportion dans la forme
nuira néceſſairement à la bonté des *affinages*, & augmentera la conſommation du bois ou du charbon. Les fourneaux & les creuſets ſont la partie la plus
importante de l'art de la verrerie, &,
j'oſe le dire, la moins connue. Je n'ai

lu aucun ouvrage où l'on puiſſe trouver des ſecours ſuffiſans ſur la matière à em-ployer, ſur la manière dont on doit la pré-parer, ni ſur les proportions les plus avan-tageuſes de la forme des fourneaux & des creuſets.

Dans la plupart des verreries Angloi-ſes & dans pluſieurs verreries d'Allema-gne, on fait les fourneaux d'une pierre *ſabuleuſe* dure [a]. C'eſt une eſpèce de grès, appellé, dans quelques provinces de France, *mouillaſſe*, & dans d'autres, *pierre à ouvrage*. Les fourneaux faits avec cette matière laiſſent perdre, par les joints, beaucoup de feu, conſument une grande quantité de bois, & ſont de peu de durée. Le maçon le plus habile ne ſauroit éviter les joints, faire l'inté-rieur auſſi uni qu'il devroit l'être, ni lui donner la forme la plus convenable, ſans renoncer à la ſolidité. Ces grès chargés, pour le plus grand nombre, d'une baſe

---

[a] V. la pag. 43 de la préf. de *Merret*, Art de la verr. in-4°.

ferrugineuse, se vitrifient, se fendent ou s'égrainent : à peine supportent-ils le travail de trois ou quatre mois.

L'argile est la vraie matière des fourneaux & des creusets. Il y en a un grand nombre d'espèces : mais on ne peut employer avec sûreté que celles qui sont désignées, dans la minéralogie de *Wallérius*, sous les noms d'*argile blanche*, d'*argile grise*, d'*argile réfractaire pâle*, d'*argile réfractaire brune*, d'*argile réfractaire noirâtre*, de *terre à porcelaine*, de *terre à pipes*. Toutes ces espèces d'argile, exposées à un feu violent, blanchissent. Je ne puis regarder, avec *Wallérius*, les deux dernières espèces comme une marne. Ce savant minéralogiste me paroît avoir confondu deux terres très-différentes, puisque l'une se durcit au feu, & l'autre s'y change en chaux [a]. Un étranger, comme *Wallé-*

---

a V. la lithog. de M. Pott, & le second chap. du prem. vol. de la chym. métall. de M. Gellen.

rius , peut dire qu'on ne trouve en France qu'une espece d'argile apyre : mais un François , *Haudiquer de Blancourt* , est-il excusable de soutenir *que la terre graffe de la Bélière , près de Forges en Normandie, est la seule, dans ce royaume, qui ait la propriété de ne se pas fondre à à un feu de verrerie* [a]? Dans la même province , on en trouve de plusieurs especes très-bonnes , de la blanche , de la grise , de la noirâtre. A Montdeber , non loin de Nantes en Bretagne , il y en a de la blanche; à Villentrode , en Champagne , de la grise ; près de Bar-sur-Aube , de la grise ; à Epinac , en Bourgogne , de la brune ; à Suzi , dans le Laonois , de la grise; dans le Forez , de la brune ; à Méréviels, près de Montpellier , de la blanche. L'argile pure est assurément très-commune en France : il n'y a point de maître de verrerie qui ne

---

[a] V. pag. 35 du prem. vol. de l'Art de la verr. de Blancourt.

puiſſe s'en procurer à peu de frais. Quelques recherches avec la ſonde , & un
peu d'intelligence , ſuffiront pour lui en
faire découvrir à ſa portée. Les étrangers , ſur-tout dans certaines parties de
l'Allemagne , ont peut-être à nous en-
vier cet avantage.

On ne trouve point d'argile qui ne ſoit
mêlée avec quelque corps étranger plus
ou moins dangereux. Dans les unes , il y
a de petits cailloux ; dans d'autres , des
pyrites , des charbons foſſiles & un peu
d'acide vitriolique *a* ; dans toutes , du
ſable , quelques racines & une terre martiale , dont la préſence eſt ordinairement
annoncée par des taches rouges ou jaunes. Les pailles , les brins d'herbe , les
parties de bois & les terres communes ,
doivent être attribuées à la négligence
de ceux qui tirent l'argile. Ces matières
hétérogènes ſont toujours préjudiciables,

______

a V. pag. 14 , tom. 2 , *urb. hierne. Ten-
tans. chem.*

quelquefois funeſtes , parce qu'elles laiſſent un vuide lorſqu'elles ont été conſu-
mées ou diſſipées par le feu , ou parce
qu'elles diſpoſent l'argile à la fuſion ;
telles que la terre ferrugineuſe , les pyrites , l'acide vitriolique , les cailloux &
le ſable touchés par le verre ou le ſel alkali fixe. Mais l'ennemi le plus redouta-
ble pour le maître de verrerie , c'eſt la
ſubſtance martiale renfermée dans l'argile : elle eſt la principale cauſe de ſa fuſibilité ; dès-lors , des *larmes* , des *filan-*
dres , des couleurs groſſières dans le verre,
& la courte durée des fourneaux & des
creuſets *a*.

Il n'y a point de verrerie où l'on ne
craigne les mauvais effets de ces corps
étrangers. C'eſt dans la vûe de les prévenir qu'on épluche l'argile avec la plus
grande attention. On la caſſe en petits
morceaux ; & on en ſépare tout ce qu'on

y

---

a V. la pag. 123 de la lithog. de M. Pott.

y voir de coloré & d'hétérogène. Mais il
est aisé de sentir que, quelque soin qu'on
y apporte, l'opération est insuffisante.
La triste expérience que j'en ai faite assez long-temps m'a donné l'idée d'un autre moyen beaucoup plus sûr & moins
coûteux. On casse grossièrement l'argile
bien *ressuiée* : on rejette les morceaux
les plus tachés de rouge ou de jaune : on
met les autres morceaux dans une grande
caisse de bois, qui ait au moins dix pouces de profondeur, & on l'en remplit
jusqu'aux deux tiers ; ensuite on met
dans cette caisse de l'eau chaude en hiver, &, si l'on veut, de l'eau froide en
été, jusqu'à ce que l'argile en soit couverte d'environ deux pouces. Il importe
de ne pas remuer la terre, si l'on desire
d'extraire la substance martiale. Le lendemain on la verra sur l'eau, comme
une matière huileuse rouge ou jaune.
On tirera l'eau par un robinet jusqu'à ce
qu'elle commence à se troubler. Après
y en avoir mis de la nouvelle, on tirera

le *coulis* par le robinet , & on le verfera
à travers un tamis de crin dans d'autres
caiffes moins profondes , & ainfi de fuite,
jufqu'à ce que la bonne argile de la première caiffe foit épuifée. Lorfque la terre
du *coulis* eft précipitée , on tire l'eau
claire , & on defsèche l'argile , foit en
l'expofant à une chaleur modérée ou à un
froid violent , foit en y mêlant de l'argile fèche déjà purifiée , ou du *ciment*,
dans les proportions que nous indiquerons plus bas. Cette opération , quelque
fimple qu'elle foit , attaque également
toutes les matières hétérogènes qu'il peut
y avoir dans l'argile : les corps légers
reftent fur le tamis : les cailloux , les pyrites & le fable, en grande partie, reftent dans le fond de la première caiffe :
la fubftance martiale & l'acide vitriolique , s'il y en a , font emportés avec
l'eau. (*D E*)

COMPOSITION DES TERRES.

IL ne suffit pas d'avoir ainsi purifié l'argile pour l'employer avec sûreté, elle
devient trop compacte, & diminue trop
de volume par le desséchement. L'eau
raréfiée par l'action du feu, ne trouvant
pas des pores assez grands pour s'échapper, détruiroit la liaison des parties,
ruineroit les fourneaux & les creusets.
La trop grande retraite leur porteroit un
coup presque aussi funeste.

Il est nécessaire de donner à l'argile
fraiche un intermède d'une nature &
dans une proportion à prévenir l'un &
l'autre inconvéniens. Où le trouverons-
nous ? La terre calcaire, combinée avec
la terre argileuse, se change en verre à
l'action d'un feu violent. Il en est à peu
près de même de la terre gypseuse. Le
sable ne peut servir que pour les parties
qui ne font pas exposées au contact de

ja compofition du verre ; & encore doit-
il être très-pur , ni trop gros , ni trop
fin. Le verre pilé & le mâche-fer , quoique confeillés par des favans du premier
ordre , feroient plus nuifibles qu'utiles ?
Nous ne pouvons trouver cet intermède,
j'ofe l'affurer , que dans l'argile même
purifiée & brûlée au point de n'être plus
fufceptible de retraite : l'argile ainfi brûlée s'appelle *ciment*. Les creufets qui ont
déjà fervi , & l'intérieur des vieux fourneaux fourniffent le meilleur.

S'il s'agit d'un nouvel établiffement ,
on mettra en galettes , d'un pied en quarré
fur huit ou dix lignes d'épaiffeur , l'argile
purifiée ; & lorfque ces galettes feront
fèches , on leur fera fubir , pendant fept
ou huit jours , un feu violent de réverbère ; enfuite on les réduira en poudre
avec beaucoup de propreté fous la meule,
ou encore mieux fous les pilons d'un
boccard.

Les auteurs & les maitres de verrerie
varient beaucoup fur le degré de fineffe

qu'il convient de donner au ciment. M.
Pott a obfervé que les creufets , dans la
compofition defquels on avoit fait entrer
du ciment fin , étoient très-fujets aux
gerçures ; & en conféquence il confeilla
de n'employer que du gros ciment , dont
on a extrait avec foin le plus fin (1).
D'autres ayant remarqué que le gros
ciment étoit la fource des trous , des dégradations & des *gravois* dans le verre ,
n'ont employé que le plus fin. D'autres
(& c'eft le plus grand nombre) , dans
la vue d'obvier à ces inconvéniens , fe
fervent d'un ciment mêlé de gros & de
fin , d'un ciment fimplement paffé par
un tamis de crin très-clair ; & ils manquent leur double but. On y parviendra
fûrement pour les creufets , fi l'on ne fait
entrer dans leur compofition qu'un ciment moyen , c'eft-à-dire , paffé d'abord
par un tamis de crin , ni trop clair , ni

____

(1) V. ce qu'il dit fur les creufets , dans les
mémoires de l'académie de Berlin.

trop ferré , & enfuite par un tamis de foie ; ce qui reftera fur ce dernier , fera la partie de ciment dont on doit fe fervir.

Chaque partie du fourneau de fufion demande un ciment particulier. Cette obfervation eft de la plus grande importance. L'*embaſſure* , les parois au-deſſous des *ouvreaux* , eft la partie la moins délicate. Les *larmes* , les dégradations & les gerçures n'y font point de conféquence. Il fuffit d'y employer l'argile groſſièrement épluchée , & le ciment paſſé par un tamis de crin très-clair.

La *couronne* , ou tout ce qui eft au-deſſus de l'embaſſure , mérite la plus grande attention. Les gerçures y font peu dangereufes, mais les dégradations y font funeftes ; foit parce que les cavités favorifent les *larmes* , la matière vitrifiée s'y raſſemble , & de-là fe précipite dans les creufets ; foit parce que les parties argileufes , les grains de ciment qui fe détachent , tombent dans le verre , y produifent des *gravois* , des *pierres* non

moins funeſtes que les *larmes*. Il eſt très-
avantageux de n'employer que du ciment fin à la *couronne* des fourneaux.

Les dégradations font peu nuiſibles
aux *ſièges* ou ſupports de creuſets : mais
les moindres gerçures en précipitent la
ruine ; ſoit parce que la partie qui porte
ſur l'âtre eſt toujours dans un bain de
verre ; ſoit parce que la compoſition du
verre qui coule des creuſets ſur les ſièges
pendant les fontes , & le verre pendant
le travail, s'inſinuent dans les gerçures,
& les agrandiſſent avec une rapidité difficile à concevoir. Il eſt d'autant plus
mal-aiſé d'éviter les gerçures , que les
ſièges forment des maſſes très-conſidérables. On ne doit ſe flatter de les prévenir, qu'en rendant la compoſition très-
poreuſe , qu'en n'y faiſant entrer que du
ciment très-gros, & dont on aura exactement ſéparé le ſin.

Perſonne que je ſçache n'a encore
déterminé convenablement la quantité
de ciment qu'on doit mêler avec une

quantité déterminée d'argile fraîche. Les doses que preſcrit M. Pott, dans ſon mémoire déjà cité, ne me paroiſſent applicables qu'aux très-petits creuſets, qui faiſoient l'objet de ſes recherches. Les verreries flottent, à cet égard, dans une incertitude funeſte. Elles n'ont d'autre règle, pour fixer ces proportions, que le coup-d'œil incertain, ou la routine aveugle des principaux ouvriers. Rien cependant de plus important. Si l'on épargne le ciment, on s'expoſe aux inconvéniens d'une trop grande retraite & aux gerçures : ſi, au contraire, on le prodigue, on s'expoſe aux inconvéniens qui réſultent du défaut de liaiſon & de ſolidité.

On penſe communément que chaque eſpèce d'argile pure demande une doſe différente de ciment. Cela ne peut être vrai, qu'à raiſon des matières hétérogènes dont les argiles ſont chargées. Purifiez-les, dépouillez-les ſur-tout du ſablon qui peut y être mêlé, & j'oſe croire que vous trouverez que quatre

parties de ciment fur cinq parties d'argile fraîche , font la meilleure proportion qu'on puiſſe employer.

Souhaitez-vous une pierre de touche ,
un ſigne auquel vous puiſſiez reconnoî-
tre la quantité de ciment que demande
chaque eſpèce d'argile pure , ſans être
obligé d'en ſéparer le ſablon ? Faites
pluſieurs petits gâteaux de quatre pouces
en quarré & d'un pouce d'épaiſſeur , où
vous aurez fait entrer le ciment à différentes proportions, dont la pâte ne ſera
ni trop molle , ni trop ferme , que vous
deſsécherez convenablement , & que
vous aurez *battues* une fois : celui de
ces gâteaux qui n'aura perdu , dans un
feu violent , que la dix-huitième partie
de ſon volume , vous indiquera la meilleure compoſition pour les fourneaux &
les creuſets.

L'uſage où font la plupart des verreries de brûler légèrement l'argile avant
de la mêler avec le ciment, eſt pernicieux : il en réſulte conſtamment une

inégalité de liaifon ou de folidité dans les ouvrages , & la plus grande incertitude fur les proportions. L'argile peut être plus ou moins brûlée , & toutes fes parties ne le font jamais au même degré.

Lorfque l'argile fraîche , chargée d'une dofe convenable de ciment , a été fuffifamment *marchée* , *paitrie* , la plupart des maîtres de verrerie la moulent en briques pour en conftruire leurs fourneaux. Les uns recuiffent ces briques , avant de les employer ; les autres les font fimplement bien fécher. Ces deux méthodes me paroiffent également mauvaifes. Il n'eft pas poffible de faire , avec des briques cuites ou féches , l'intérieur du fourneau parfaitement uni , ni de lui donner la forme la plus avantageufe : les inégalités font une fource abondante de *larmes* & de *gravois* , & rendent la réflexion très-irrégulière. A un feu violent & continué , les briques fe rapetiffent inégalement ; le mortier , qui en faifoit la liaifon , coule ; le verre en eft infecté ;

les joints s'agrandiſſent , le feu s'échappe
par mille endroits ; la conſommation du
bois ou du charbon de terre eſt immenſe ;
la qualité du verre moins parfaite , & le
fourneau d'une courte durée. Combien
de maîtres de verrerie font la triſte expérience des mauvais effets de ces méthodes ? (*F*) (*G*) (*H*)

Il y a un moyen connu dans les
groſſes verreries de Normandie & dans
quelques-unes du Palatinat , pour obvier
à tous ces inconvéniens ; & il eſt très-
aiſé de le mettre en uſage , quoique *de
Blancourt* aſſure que c'eſt un ſecret ren-
fermé dans la famille d'un maître maçon.

On moule l'argile préparée & compoſée en quatre eſpèces de tuiles : En tuiles
d'un pied en quarré & de deux pouces
d'épaiſſeur , pour l'*embaſſure* & pour une
partie de la *couronne :* en tuiles de vingt
pouces de longueur ſur ſix de largeur &
deux d'épaiſſeur , pour les *tonelles :* en
tuiles d'un pied de longueur ſur dix pouces de largeur par un bout , & ſept par

l'autre, & deux pouces d'épaiffeur, pour la *couronne :* & en tuiles des *fièges* de deux pouces d'épaiffeur & d'une grandeur fuffifante, pour que, mifes de *champ*, les fièges ne foient dans le bas qu'à fix pouces de diftance l'un de l'autre, & dans le haut à la diftance des deux cinquièmes de la largeur du fourneau, & n'ayant que vingt à vingt-quatre pouces de hauteur, fuivant la grandeur du fourneau. Si l'on donne à ces tuiles une moindre épaiffeur, comme on le fait communément, on multiplie les joints fans néceffité : fi on leur en donne une plus grande, elles s'appliquent imparfaitement l'une fur l'autre.

Lorfque ces tuiles font un peu fermes, on les broffe légèrement, & on les bat avec une *palette* de bois. C'eft dans cet état qu'on les emploie à la conftruction du fourneau.

Il importe que le maffif du fourneau, ou la voûte ouverte entre les fièges, & où répondent à angles droits quatre galeries ouvertes par l'autre extrémité (fi l'on veut faire ufage du charbon de terre), foit très-folide ; que l'âtre foit propre à réfifter à la plus grande violence du feu (le grès dur en fournit d'excellens), & que les quatre arches foient faites avec la plus grande attention. Voyez la 1ere. & la 2e. *fig.*

Le quarré du fourneau étant tracé & fait en briques blanches ou d'argiles de rebut & de fable, & les arches étant formées en bonnes briques ordinaires, il convient de commencer la conftruction par les fièges. On a plus de facilité à appliquer les tuiles l'une contre l'autre à grands coups de *batte*, que lorfque l'*embaffure* & la *couronne* font faites, & on ne court pas le rifque de caufer des ébranlemens dangereux : tout en eft plus folide. Enfuite on fait une affife de tuiles d'*embaffure* : on humecte cette affife avec un balai fin chargé d'un coulis très-clair, fait avec la compofition des tuiles. On la recouvre d'une feconde qu'on a foin

de bien battre , & ainfi de fuite , jufqu'à
ce que le fourneau foit entièrement
monté. On forme les *tonelles* , les *ouvreaux* & les *lunettes* , avec des pièces
de bois qui ont la figure qu'on veut
donner à ces ouvertures. Le dehors &
le dedans étant *recoupés* & unis , on a
foin de deffécher lentement le fourneau ,
& de le rebattre plufieurs fois par jour.
Si, pendant *l'atrempage* ou defsèchement
complet du fourneau , il s'y fait des gerçures , foit qu'on ait tenu la compofition
des tuiles un peu trop *graffe* , foit qu'on
ait pouffé le feu avec trop de rapidité ,
foit enfin qu'on n'ait pas rempli exactement l'entre-deux des fourneaux & des
arches , il ne faut pas s'alarmer ; le remède eft auffi fûr que fimple : on fup-
prime avec prudence le feu ; lorfque le
fourneau eft affez refroidi pour pouvoir
y entrer , on remplit les fentes avec du
chanvre bien chargé de *la compofition*
des tuiles ; & l'on paffe ce chanvre le
mieux qu'il eft poffible avec une lame de

fer, d'un pouce ou environ de largeur, fur quinze ou dix-huit pouces de longueur : on met par degré le feu au fourneau. Il eft aifé de fentir que, fuivant cette méthode, il n'y a point, 1°. d'inégalité à craindre, ni de réflexion irrégulière ; 2°. qu'on peut donner à l'intérieur du fourneau la figure la plus avantageufe, fans nuire à la folidité ; 3°. qu'un fourneau ainfi conftruit, n'ayant point de joints, du moins fenfibles, ne laiffe point perdre de feu, & peut durer dix ou douze ans, fi l'on a foin de réparer, lorfqu'il eft néceffaire, l'âtre, les fièges & les ouvreaux, & de lui faire faire plufieurs excellentes *réveillées*. Ces réparations ne fouffrent aucune difficulté. La feule attention qu'on doive avoir, c'eft de ne pas laiffer refroidir trop promptement le fourneau. Il ne manqueroit pas de s'écailler.

Il y a pour le moins autant de façons de conftruire le fourneau, que l'art de la verrerie a de branches. Dans les ver-

reries à bouteilles, à verre plat *à boudine*
& fans *boudine*, le fourneau a fix arches, une à chaque coin, & une fur
chaque *glaie* : dans la plupart de celles
où l'on fait des gobelets, des verres à
boire, des carafes, du criftal, &c. il
n'y a qu'une arche au-deffus du fourneau : dans d'autres, & particulièrement
dans celles à verre plat, façon de Bohéme,
il y en a quatre, une à chaque coin du
fourneau. On n'a rien de déterminé fur
la forme ni fur la capacité des arches,
fur la place, la forme & le diamètre de
l'ouverture par laquelle elles reçoivent le
feu du fourneau. Nous ne fommes pas
plus avancés fur la figure de l'intérieur
du fourneau. Le cordeau feul du maitre
maçon, ou du fondeur, règle ce qu'il
n'appartient qu'à la plus profonde pyro-
thecnie de fixer. Chacun a fes mefures.
Les uns préfèrent la figure ronde & la
voûte à p'ein ceintre, & placent dans
leur fourneau trois, cinq, fept ou huit
& jufqu'à neuf creufets : d'autres veulent

que leur fourneau foit quarré, jufqu'à la
hauteur du milieu des *ouvreaux*, & que
la *couronne*, ou la voûte foit plus ou
moins furbaiffée : il y en a qui font une
efpèce de pyramide quadrangulaire tron-
quée : j'en connois qui, dans la vue d'é-
viter les *larmes*, furbaiffent extrêmement la voûte du côté des *tonelles*, &
le moins qu'il eft poffible du côté des
mormues, des *ouvreaux*. Prefque tous
font obligés de détruire une partie du
fourneau, pour y mettre les creufets,
& de le reconftruire lorfque les creufets
font placés. Tous ces fourneaux chauffent foiblement, & confument une très-
grande quantité de matière combuftible.
Il feroit de beaucoup trop long, & peut-
être très-peu utile à l'art de la verrerie,
de relever les défauts particuliers à chaque efpéce.

Il eft auffi difficile qu'important de
trouver un fourneau commode pour toutes les opérations de l'art de la verrerie,
lequel ayant fix ou dix *ouvreaux*, quatre

lunettes , deux *tonelles* , produife le plus grand feu poffible , avec le moins de matière combuftible. C'eft à l'académie à juger fi j'ai approché de la folution de ce problême: 'Je puis affurer avec confiance, que le fourneau dont je donne le plan & la coupe , *fig.* 1ere. 2e. & 3e. affine mieux & plus promptement le verre , avec un tiers moins de bois, que ceux qui étoient les moins imparfaits. Depuis cinq jufqu'à huit pieds , ce font les dimenfions les plus avantageufes. Au-deffus & au – deffous ;- le verre s'affine moins bien , & proportionnément , il faut plus de matière combuftible. Six ouvriers peuvent travailler en même temps à ce fourneau , & recuire très-bien leurs ouvrages dans les arches , au moyen de pots de terre ou de tole ; garnis de terre , d'un pied de diamètre , deux de profondeur , & fermés par un bout, à la manière de la Bohême. Si l'on veut fouffler des lanternes à la façon d'Angleterre , ou des verres plats à vi-

tre , &c. il convient de diminuer, des.
deux tiers en dedans du fourneau , l'é-.
paiſſeur des *ouvreaux*. Ceux qui defirent
faire leur *fritte* avec le feu du fourneau
de fuſion , peuvent le faire très-commodément. Ils n'ont qu'à pratiquer une
arche ſous chacune de celles à recuire ,
& la *lunette* ſera à la hauteur des *ſièges*.

On pourroit y couler les grands *pla-*
teaux pour les miroirs , en faiſant quatre
ouvreaux de dix-neuf pouces de hauteur
ſur dix-ſept de largeur, un à chaque bout
des deux *ſièges*. (*I*)

DES CREUSETS.

IL y a deux façons de faire des creuſets ; ſavoir, à la *main* & dans des *for-*
mes. Celle-ci eſt conſacrée aux petits
creuſets , celle-là aux grands. Je puis
aſſurer , d'après une aſſez longue expérience , qu'il eſt aiſé de faire dans des
formes les plus grands creuſets , & avec

avantage. 1°. Il faut un temps affez long pour former un bon potier à la main : à peine eft-il néceffaire de guider deux fois un manouvrier pour lui faire faire un bon creufet dans des formes. 2°. Il eft très-rare qu'un creufet, fait à la main, foit monté droit : il l'eft toujours dans des formes. 3°. On ne peut *rebattre* que foiblement un creufet fait à la main : on *rebat* tant qu'on veut ceux qui font faits dans des formes. 4°. Les plus habiles potiers à la main ne font, par femaine, que quatre creufets d'environ trente pouces chacun ; un ouvrier en fait aifément trois par jour dans des formes.

Il n'y a point de forme qu'on n'ait donnée aux creufets. On en voit de quarrés, de triangulaires, à plufieurs pans, d'auffi grands dans le bas que dans le haut, de *ventreux*, ou dont le diamètre du milieu eft plus grand que l'inférieur & le fupérieur, & de plus ou moins évafés. Les trois premières efpè-

ces fouffrant des dilatations inégales, à
caufe de leur épaiffeur inégale, périffent
promptement par les angles ; & ils font
auffi peu propres à la *dépuration* du
verre, que les deux efpèces fuivantes.
Le verre fe fond & s'affine d'autant
mieux & d'autant plus promptement,
toutes chofes égales d'ailleurs , qu'il
offre plus de furface au feu réfléchi.
D'après ce principe très-vrai, il me femble que les creufets devroient être des
cônes renverfés ; mais ne portant que
fur un point, ils n'auroient pas affez de
folidité , & on perdroit trop fur la quantité de matière. Il y a un jufte milieu à
prendre : c'eft de donner au diamètre
inférieur un feptième de moins qu'au
diamètre fupérieur. Cet évafement, loin
de nuire à la folidité, y contribue ; il
eft très-propre à la dépuration du verre,
& laiffe aux creufets une capacité proportionnée à la capacité du fourneau ,
ou ne lui donne à faire ni trop ni trop
peu.

Les meilleurs creusets sont ceux qui font faits avec l'argile pure, préparée & composée comme il a été dit ci-dessus. Ils doivent être traités avec la plus grande propreté; d'une épaisseur moyenne, d'un pouce & demi dans la *fleiche*, & de deux pouces dans le *jable* & le *cul*; montés droit, d'une égale épaisseur dans toutes les parties de la *fleiche*; d'une forme convenable ; *rebattus* avec soin, desséchés très-lentement, & recuits à un feu violent & long-temps continué. (*L*)

DES MATIERES

A CONVERTIR EN VERRE.

DES quatre espèces de terre ou pierres *calcaires*, *gypseuses*, *argileuses*, & du genre des cailloux que nous connoissons, il n'y en a aucune de vitrifiable par elle-même au feu le plus violent.

Les expériences de M. Pott ne nous permettent pas d'en douter *a*. Chacune demande, pour être changée en verre, une addition des autres, ou de bafes métalliques, ou de fels alkalis fixes. Il n'y en a point qui forme, avec une dofe déterminée des dernieres, un verre auffi clair, auffi tranfparent, que celle du genre des cailloux. C'eft auffi la combinaifon la plus connue dans les verreries, & la feule peut-être qu'on croie néceffaire de connoître.

L'efpéce de terre ou de pierre connue fous le nom de cryftal, de quartz, de cailloux, de fable, de grès, &c. fait la principale bafe du verre. Ces pierres, excepté le cryftal & le quartz, font très-communes en France. On trouve de très-beaux cailloux blancs & demi-tranf-parens fur les bords de la mer, dans plufieurs rivières, &c. Les cailloux noirs,

---

a V. le chap. IV. de fon examen chymique des pierres.

bruns, blanchâtres, opaques & grossiers,
ne sont assurément pas rares, & il suffit
de les faire rougir & de les éteindre dans
l'eau, pour les rendre parfaitement
blancs. Nous avons un très - grand
nombre de mines de beau sable, & ce
qui est peut-être plus précieux, du grès
en abondance. Il y a très-peu de verreries qui employent ce dernier dans la
composition du verre *a*, *Merret* as-
sure même qu'*il ne peut servir à cet
usage*, sans doute par la crainte qu'il
n'en coûtât trop pour l'écraser ; mais on
n'a qu'à le faire rougir dans les arches
pendant les fontes, l'éteindre dans l'eau
& le battre légèrement. L'opération ne
sera assurément pas coûteuse, à moins
que ce ne fût une espèce de grès aussi
dur que rare. Le verre fait avec le grès
à paver, ou autre de couleur blanchâtre
ou jaunâtre, n'est point différent en
dureté,

---

a V. les notes sur le 1er. liv. de Neri.

dureté, quoique *Wallérius* l'affure *a*, de celui qu'on a fait avec le fable.

Le fable le plus coloré & le plus argileux eft le meilleur pour le verre à bouteilles, parce qu'il demande peu de fel alkali fixe, & qu'il fait un verre très-folide. Il fuffit d'employer du fable blanc ou du grès pour le verre verd, & même pour le verre blanc. Les veines rouges ou jaunes, qu'on y voit, difparoiffent ordinairement au feu. Mais, fi l'on n'a pas de beaux cailloux, des pierres à fufil, comment purifier le fable blanc ou le grès au point d'en faire le criftal le plus beau & le plus fin ? fouvent les calcinations & les extinctions répétées font infuffifantes. La bafe martiale dont ils font rarement exempts, & qui toujours colore plus ou moins le verre, leur réfifte. Le célèbre *Sthal* *b* confeille

___

a V. la p. 141 du 1er. vol. de la minér.

b STHAL fundam. chym. pact. 2, fect. III, cap. III. *de modo conficiendi varias gemmas artif.*

de les laver avec foin dans une eau de rivière chargée d'un peu d'eau forte ; mais ce moyen ne feroit-il pas coûteux , & peut-on fe flatter qu'il rempliroit le but propofé, à moins que le fable & le grès n'euffent été réduits en pouffière très-fine ? L'eau régale & la proferpine de Glauber (le beurre d'antimoine) par le fecours de laquelle on opéreroit fûrement l'extraction defirée , font trop difficiles à préparer, & trop chères pour qu'un maître de verrerie doive fe déterminer à les employer. Je vais indiquer un moyen auffi efficace , beaucoup plus fimple & moins difpendieux. On n'a qu'à méler , par la diffolution , pour cent livres pefant de fable ou de grès écrafé , quatre livres de fel de verre , mettre ce mélange dans un vieux creu- fet , ou dans tous à la fin d'un fourneau , & lui faire fubir , pendant fept ou huit heures, le feu de verrerie le plus violent: le fel de verre difparoîtra , diffipera juf- qu'au plus léger atome de matière colorante , & le fable reftera blanc comme la neige , très-pur , propre à faire le plus beau criftal , & même à imiter les pierres précieufes. Plufieurs auteurs ont avancé qu'il y avoit des efpèces de fable & de cailloux plus difpofées à la fufion que d'autres. Cela n'eft vrai qu'à raifon des matières hétérogènes (la fubf-tance martiale fur-tout) dont elles font chargées. C'eft une erreur de croire avec *Merret*, que le *criftal exige un fable tendre, & le verre commun un fable dur* [a]. (N)

La feconde matière principale qui entre dans la compofition du verre , ce font les fondans , les fels alkalis fixes , minéral & artificiel , ou un mélange de fels alkalis fixes & de leur partie *cendreufe* , d'une terre *alkaline* , de *nature*

---

[a] V. la p. 17 de l'Art de la Verr. trad. franc. in-4°.

faline a. Il n'y a peut-être point de partie dans l'art de la verrerie, fur laquelle les auteurs & les maîtres de verrerie foient moins d'accord. Chacun a fon fondant favori [b]. *Agricola* dit que de fon temps on donnoit *la préférence au nitre. Merret* affure que *le temps & l'expérience ont fait abandonner l'ufage du nitre*, comme *fel trop tendre & trop foible qui fe réfout en fel alkali* (fel de verre) *& que la roquette ou poudre de Syrie, a obtenu le premier rang* [c]. *Kunckel & Henckel* affurent, d'après *Merret*, que le *verre fait avec la foude n'eft pas eftimé*; *qu'il caffe très-facilement en fe refroidiffant; qu'il conferve toujours une couleur bleuâtre ; qu'en un mot, la foude, quand même on y mêleroit de la magnéfie, ne produit point un beau verre ;* & on voit affez que ces auteurs penchent

---

[a] V. les p. 175 de la lithog. & 94 de la cont. de M. Pott.

[b] V. lib. 12 *de re metall.*

[c] V. p. 29 de l'Art de la Verr. trad. in-4°.

en faveur de la *potaſſe*. Le premier dit
même que le criſtal qu'il en a fait, *eſt
ſupérieur à ceux que Néri avoit faits
avec tant de peine*, & où il avoit fait
entrer le ſel alkali fixe de la ſoude, de
la roquette, le borax, le ſel alkali du
tartre, le nitre *a*, &c. M. *Gellert penſe
que la ſoude eſt plus propre que tout autre
ſel tiré des cendres, à faire du beau verre
durable ; que celui qui eſt fait avec de
la potaſſe eſt plus ſujet à être attaqué par
les acides que les autres, & même qu'il
ſe décompoſe à l'air* [b]. Dans les verreries
actuelles d'Allemagne, on ne fait employer que la *potaſſe*. Dans celles d'Italie & dans celles de France, on ne
connoît preſque que l'uſage de la ſoude
& du ſalpêtre. Auquel de ces fondans,
rejetés par les uns, adoptés par les autres,
devons-nous donner la préférence ? A
celui qui ſera le plus à notre portée, que

____

a V. les p. 11, 103 & 561 de l'ouvrage ci-deſſus.
  b V. les p. 25 & 26 de la trad. franc. du
1er. vol. de ſon excellente chym. métall.

nous pourrons nous procurer à moins de frais. Je puis affurer, d'après des expériences très-variées & très-fouvent répétées, que tous font également bons, pourvu que la préparation en foit convenable, les proportions de la compofition juftes, & la fufion & dépuration fuffifantes. (O)

Les fondans peuvent fe trouver en France, pour le moins en auffi grande abondance, que dans les pays étrangers. Quelque hafardée que paroiffe cette affertion, elle n'en eft pas moins bien fondée. Nous pouvons faire annuellement une quantité très-confidérable de *potaffe* rouge & blanche [a]. Il y

---

[a] La potaffe rouge eft le fel alkali fixe extrait par lixivation & évaporation des cendres de tous les végétaux; excepté la plupart des plantes maritimes. La potaffe blanche n'eft autre chofe que la rouge calcinée à un feu de réverbère.

Il fe fait une grande quantité de potaffe en Alface, en Lorraine & dans les Ardennes. Dans les chef-lieux, il y a ordinairement quelqu'un qui l'achette livre à livre des payfans & des bûcherons.

a plufieurs provinces où il fe perd im-
menfément de petits bois, ne fuffent

La cupidité a introduit un grand nombre de fraudes dans cette branche de commerce. Il eft important de faire connoître les principales. Une des plus
dangereufes pour les verreries enfin, eft de mêler du
fel marin avec le fel alkali fixe, ou de vendre pour
potaffe le fel extrait des cendres faites fous les chaudières des falines de fources. Il y a trois moyens
également fûrs pour découvrir cette fraude. Cette potaffe fond aifément au feu de calcination, ne prend
qu'une couleur bleue très-pâle, & ne fait du verre
qu'à proportion du fel alkali fixe dont elle eft chargée. J'en ai reçu où il y avoit plus de moitié de fel
marin tiré, je penfe, de la faline de Dieuze. Cet
objet me paroît mériter l'attention du miniftère. En
corrigeant cet abus, il rendroit un fervice important
à l'art. On s'eft apperçu que les cendres vieilles four-
niffoient une plus grande quantité de fel, que les
nouvelles. En conféquence, on les laiffe long-
temps expofées au grand air, ou on les garde dans
des endroits où l'air extérieur a un libre accès. Ces
cendres donnent plus de fel, par la raifon, qu'une
partie fouvent confidérable du fel alkali fixe fe convertit en tartre vitriolé, fel funefte aux verreries,
lorfqu'il fe trouve en grande proportion dans la
potaffe.

Les uns mêlent de la fuie dans la potaffe rouge,

que les *régalis* , & où les coupeurs de
bois négligent les cendres qu'ils font pendant l'exploitation d'une vente. La *fougère* est très-commune dans le royaume :
les cendres de cette plante, coupée vers
la fin de juillet, & brûlée comme on
brûle la soude, donnent environ un neuvième de sel alka'i fixe. On ne fait aucun
cas du marc des raisins : ses cendres bien
faites produisent au moins autant que
celles de la *fougère.* Des cendres de ce
qui reste dans l'alembic des distillateurs
d'eau-de-vie de marc, m'ont donné jusqu'à un cinquième de très-beau sel alkali
fixe : il est rare que ces distillateurs ne
mêlent au marc, de la lie liquide. Pour
peu qu'on connoisse notre produit en

---

ce qui donne au verre une couleur jaune très-opiniâtre. D'autres (& c'est le plus grand nombre)
ne laissent point clarifier leur lessive. Il en résulte
que la potasse est plus foible & très-difficile à purifier par la calcination du principe colorant grossier,
sur-tout lorsque la lessive est faite , en tout ou en
partie , avec les cendres de bois de sapin.

vin, on concevra que nous pourrions
tirer annuellement du marc plufieurs
millions pefant de très-bonne *potaſſe*. Il
eſt furprenant qu'on ait négligé juſqu'aujourd'hui un objet auſſi utile que facile à
faiſir. Les cendres des côtes de tabac
nous offrent une nouvelle reſſource. Elles produiſent , lorſqu'elles font faites
avec foin , plus du tiers de leur poids
de fel alkali fixe. Il eſt certain que nous
pouvons nous procurer très-aiſément , &
fans le fecours de l'étranger , la potaſſe
que nos verreries , nos blancheries &
nos favonneries de favon noir font dans
le cas de confommer. Cette branche
d'induſtrie mérite fans doute d'être en-
couragée. Les maîtres de verreries font
les premiers intéreſſés à l'animer , & cela
leur eſt facile : il n'ont qu'à exciter à
des eſſais les payſans , à leur donner la
certitude de la vente , & à les diriger.
Nous leur en fournirons ci - après les
moyens.

Sans parler des cendres de l'*algue ma-*

rine, connue fous les noms de *varec* &
de *goëmon*, très-communes fur nos côtes,
nous avons encore une reffource bien
plus précieufe ; c'eft la *foude*. On en fait
en Provence & en Languedoc, qui,
fimplement frittée avec le fable, eft
propre à faire de bon verre. Les effais
qu'on a faits en Poitou, donnent les
meilleures efpérances. Un grand nombre
de bonnes efpèces de kali, particulièrement le *kali majus cochleato femine*,
croiffent naturellement fur les côtes de
Provence, du Languedoc & du Rouf-
fillon [a]. J'ai de très-bonnes raifons de
croire qu'on pourroit y cultiver avec
fuccès le *kali de Sicile*, & les plus
eftimés d'Efpagne, *le kali à feuille ca-*
pillaire velue, *le kali à feuille de ge-*
nefte, & *le kali à feuille de tamarifque.*
Il eft plus que probable, que, par une
culture & par une incinération convenables de ces plantes, nous nous procure-

---

[a] V. la p. 536 de l'hift. des plantes de l'Europe.

rions très-abondamment , & dans des terres incapables de produire autre chofe d'utile , des foudes équivalentes aux meilleures d'Efpagne. Celles qu'on fait du côté de Narbonne , & dans les illes , appellées les *Saintes* , uniquement avec *le kali majus cochleato femine* , ne leur cédent pas de beaucoup en qualité. Elles rendent autant de fel alkali fixe , environ moitié de leur poids , & il n'y a d'autre différence , qu'une très - petite quantité de plus de fel marin & de fel admirable de Glauber. La foude ou *falicor* qu'on fait à *Pérols* , Ville-neuve près de Montpellier , eft de beaucoup inférieure à celle des *ifles les Saintes*. Elle ne donne guère plus du tiers de fel alkali fixe , & chargé d'une plus grande quantité de fels neutres , par la raifon fans doute qu'on brûle avec le *kali majus cochleato femine* , le *kali majus geniculatum* , l'abfynthe & le *fénouil* maritimes , & bien d'autres plantes maritimes. Ne cultivât-on , dans nos provinces méridionales ,

E vj

que le *kali majus cochleato femine* ; la cendre donnât-elle moins de fel alkali fixe, nous pourrions rendre nos foudes équivalentes aux meilleures d'Alicante, même fupérieures. Le moyen eft fimple. Nous n'aurions qu'à arrofer les cendres du *kali majus cochleato femine*, encore rouges dans la foffe, avec une forte leffive des mêmes cendres.

Quoique les états du Languedoc, toujours attentifs au bien de la province, aient déterminé d'encourager la culture des foudes ; quoique cette culture & le moyen d'amélioration que je viens de propofer, foient auffi aifés que lucratifs, peut-être aurons-nous long-temps à attendre des foudes d'une meilleure qualité. Il feroit très-avantageux de pouvoir, en attendant, fubftituer nos foudes, telles qu'elles font, aux foudes étrangères : une feule opération nous mettra en état de le faire. Il ne s'agit que d'en extraire le fel alkali fixe, & d'employer ce fel au lieu de la foude en nature. Ce fel, fuivant le degré de purification qu'il a reçu, eſt propre (je puis l'aſſurer avec confiance) à faire depuis le verre commun blanc, juſqu'au plus beau criſtal. La partie terreuſe de toutes les ſoudes, comme des cendres de tous les végétaux, eſt exactement de la même nature *alkaline* ; la matière colorante qui s'y trouve mêlée eſt préciſément la même dans toutes, *le phlogiſtique*. Le ſel alkali fixe, extrait des cendres de tous les végétaux, ſans en excepter aucun, eſt le même relativement à la verrerie, où il eſt également propre à faire du verre d'une bonne & belle qualité. Il eſt facile de s'aſſurer de la vérité de ces trois propoſitions ; elles me paroiſſent inconteſtables. D'où provient donc la différence qu'il y a entre nos ſoudes & celles d'Alicante ? Ce ne peut être que, ou de ce que leur partie terreuſe eſt en plus grande quantité, ou de ce que leur ſel alkali fixe eſt chargé d'une plus grande quantité de ſels neutres : or, il n'y a pas un douzième de

ces fels neutres dans le fel des plus mauvaifes foudes du Languedoc. On en trouve
autant dans la plupart des potaffes. Cette
quantité, lorfque la compofition eft bien
faite, ne nuit affurément point à la qualité du verre. Il eft poffible d'en faire du
très-bon & du très-beau avec le fel alkali
fixe du *varec*, qui eft chargé de plus de
la moitié de fon poids, de fel marin &
de fel admirable de Glauber. C'eft donc
uniquement dans la plus grande proportion de terre, qu'il faut chercher la caufe
de la différence effentielle de nos foudes
à celle d'Alicante. La compofition de
parties égales de beau fable, & des
meilleures foudes d'Efpagne, où le fel
alkali fixe eft à-peu-près en même quantité que la terre, fe *fritte* bien, blanchit
facilement à un feu de réverbère, fe
fond fans peine, & produit un verre
paffablement tranfparent. Parties égales
de beau fable & des foudes ordinaires du
Languedoc, fe *frittent* très-mal, reftent
toujours d'un jaune brun, ne peuvent

fondre au feu le plus violent ; & , si l'on diminue la dose du sable , elles font un verre peu transparent & d'une couleur verd-jaune très-désagréable. La magnésie ne sert , dans ce cas , qu'à rendre le verre moins transparent & la couleur plus insupportable.

· D'où vient que les dernières donnent un produit si différent des premières ? Ce ne peut être certainement que parce qu'elles ont environ deux parties de terre contre une de sel alkali fixe. Dans l'emploi du sel alkali fixe , dégagé de la terre , des cendres , les différences disparoissent , toutes les difficultés sont levées.

Mais , comment extraire le sel des soudes , diront peut-être quelques maîtres de verreries , sans augmenter nos dépenses ? Cela seroit difficile , si je leur proposois la méthode de *Néri* , même celle de *Kunckel a.* Je vais leur en com-

____

a V. les p. 2 , 11 & 307 de l'art de la verr. trad. franç. in-4°.

muniquer une beaucoup plus fimple &
moins difpendieufe. (Voyez la 4ᶜ. *fig.*)
On met la foude pulvérifée , une partie
fur huit.parties d'eau , dans la chaudière
B 1 , aux trois quarts pleine d'eau. L'eau
eft affez chaude pour diffoudre le fel
avec facilité & s'en charger : mais ne
pouvant bouillir , elle ne fauroit empé-
cher une prompte précipitation de la
terre. Lorfqu'elle eft bien clarifiée , on
la fait couler , par un robinet , dans la
chaudière du milieu B 2 , fous laquelle
eft le grand feu , & de-là , pour ne pas
rallentir l'évaporation par un trop grand
épaiffiffement de la leffive , dans la troifième chaudière , où le fel fe précipite à
une douce chaleur , & d'où on le prend
avec une efpèce d'écumoire de fer, pour
le mettre à égoutter dans un canal de tole
incliné fur la même chaudière. Les deux
murs de féparation des fourneaux ne
doivent avoir que huit pouces d'épaiffeur,
& chacun deux trous de deux pouces en
quarré fur la longueur. On ne fait le feu

que dans le fourneau du milieu ; les deux autres ne font chauffés que par la cha-leur qu'il leur communique , & par les braifes qu'il fournit. On porte la terre de la foude dans les cafes F , F : on l'arrofe plufieurs fois avec de l'eau, afin d'extraire tout le fel alkali fixe qui pourroit y être refté , & on fait rentrer l'eau des petits baffins dans la chaudière B 1. L'extraction du fel ne coûtera pas trois deniers par livre. Quatre hommes , avec l'équivalent d'une corde de charbonete , peuvent en extraire mille livres dans vingt - quatre heures.

Il n'y a rien de plus expéditif, pour pulvérifer la foude , qu'un *boccard* , foit à eau , foit à vent. Cette machine eft trop connue , pour ne pas me croire difpenfé d'en faire la defcription *a*.

Le criftal eft d'autant plus beau , que le fel alkali fixe a été mieux purifié.

---

a Les foudes ordinaires du Languedoc fe vendent cette année de cinquante fols à trois livres le cent pefant.

Mais en quoi doit confifter cette purification ? Suivant les auteurs de l'art de la verrerie , & un grand nombre de chymiftes , elle confifte à diffoudre & à deffécher plufieurs fois , par l'évaporation , le fel alkali fixe. Il y en a qui preferivent de le diffoudre , de filtrer la diffolution , & d'en faire l'évaporation jufqu'à cinq fois. *a*. Cette méthode eft ennuyeufe , très - difpendieufe & infuffifante. Elle eft coûteufe , non - feulement par le temps , les inftrumens & le bois qu'elle exige , mais principalement par la déperdition du fel alkali fixe qu'elle occafionne; il n'en refte pas les deux tiers , & encore font-ils chargés d'une plus grande quantité de fels neutres. Une feule diffolution fuffit pour féparer affez parfaitement la partie faline de la partie terreufe. La terre qu'on obtient dans les différentes diffolutions , eft moins la preuve de l'in

---

a V. la p. 101 de l'art de la verrerie, trad. franç. in-4°.

fuffifance de la première diffolution, que
de la décompofition du fel alkali fixe.
Quand même le fel alkali fixe retiendroit
une petite quantité de la partie terreufe,
cela n'eft d'aucune conféquence, comme
nous le verrons plus bas. (P)

Il importe d'extirper radicalement le
principe colorant groffier, la matière
graffe; & les diffolutions, filtrations &
évaporation répétées, ne fauroient le
faire. On y réuffit infiniment mieux, en
moins de temps & fans perte, par la calcination, en expofant toutes les parties
du fel alkali fixe à une flamme vive &
claire, jufqu'à ce qu'il ait, étant refroidi, une couleur bleuâtre. Le fourneau à calciner le fel alkali fixe, dont
Kunckel a donné le plan dans fes remar-
ques fur les notes de *Merret*, peut être
employé [a]; mais il eft très-difficile, pour
ne pas dire impoffible, d'éviter que les
cendres & charbons du bois ne fe mê-

---

[a] V. *Id.* p. 319.

lent, par le *tifar*, avec le fel alkali fixe ;
& qu'il ne s'en perde une certaine quantité. Celui dont je joins ici le plan (*fig.*
5e.) n'a point cet inconvénient ; & je
puis affurer qu'il produit le même effet
avec moitié moins de bois. Une fois
échauffé , on pourra y calciner , par
vingt-quatre heures , environ cinq milliers de fel alkali fixe ; quatre ou cinq
cent livres dans deux heures , avec une
corde de charbonete ou des fagots. La
feule attention qu'on doive avoir au
commencement de la calcination , c'eft
de bien remuer le fel avec un *rable* de
fer , pour prévenir la fufion aqueufe qui
retarderoit l'opération. Le fel alkali fixe
de la foude a un avantage fur la potaffe ;
il attire avec moins de rapidité l'humidité de l'air : les maîtres de verrerie peuvent le conferver long – temps dans des
vaiffeaux de bois propres , fans craindre
aucune altération , & fans être dans la
néceffité de le calciner de nouveau ;
pour que la potaffe fe conferve fèche

dans des vaiſſeaux , il feroit indifpenfable de les goudronner en dehors. (Q)

Peu de perfonnes foupçonnent qu'il
foit néceſſaire d'ajouter au fable & au fel
alkali fixe , une terre alkaline , pour
avoir du bon & beau verre. C'eſt elle cependant qui procure le parfait mélange ,
donne du *corps* au verre , le rend folide
& en facilite la dépuration. Le Sable &
le fel Alkali fixe , à moins qu'on ne mette
trop de ce dernier , donnent dans la
fonte une compofition trop pâteufe ,
pour que les matières puiffent fe mêler
intimement , & que le fel de verre puiffe
fe diffiper & emporter avec lui le principe
colorant groffier. Une des meilleures
terres alkalines qu'on puiffe employer,
eſt la chaux éteinte à l'eau & bien blanche. Au rapport de *Kunckel* , la craie
eſt depuis long-temps en ufage dans les
verreries de l'Allemagne *. La chaux

____

a V. la p. 101 de l'art de la verr. trad. franç.
in-4°.

produit dans le verre le même effet que
la terre alkaline des cendres des végétaux, qu'on a rendue parfaitement blanche ; l'une & l'autre donnent au verre
plus de fluidité dans la fufion, plus de
folidité à la couleur jaune, fi elles font
en grande quantité. La chaux & la terre
des végétaux portent, dans le verre,
d'autant moins de couleur, qu'elles ont
été calcinées plus long - temps à une
flamme bien claire. (*R*)

Je ne connois point d'auteur qui ait
parlé du *grofil* ou *caffon* ; & les maîtres
de verreries les ont condamnés à n'entrer que dans la compofition du verre
commun. Les pièces caffées du plus beau
criftal, ou du verre blanc criftallin, ne
fervent qu'à la compofition de la *pivette*
ou du verre blanc commun. Ce préjugé
eft très-nuifible à l'art de la verrerie :
il augmente néceffairement d'un quart
le prix du criftal & du verre blanc criftallin. Les *caffons*, loin d'altérer les compofitions de la même efpèce, les boni-

fient, en facilitent la dépuration, & rendent le criftal ou le verre criftallin qui en réfulte, plus net, plus folide & plus brillant. Il eft furprenant qu'on n'ait pas plutôt entrevu cette vérité : elle me paroit une fuite néceffaire du principe affez généralement reçu, que le criftal eft d'autant meilleur & d'autant plus beau, qu'il a éprouvé plus long-temps l'action du feu, ou qu'il a été un plus grand nombre de fois éteint dans l'eau. Les feules attentions que demande l'emploi du *caffon*, font 1°. de le purger de toute matière hétérogène, *mors de canne*, terre, larmes, pierres, &c. 2°. de l'écrafer bien menu : 3°. que les *caffons* foient le produit d'une compofition de la même nature que celle où on les fait entrer : 4°. qu'ils ne faffent jamais plus du tiers de la compofition : 5°. de les mêler exactement avec les autres matières. (*S*)

Dans les compofitions des trois premières matières ci-deffus, la couleur

bleue, que donne conſtamment le ſel alkali fixe, ſe marie avec la couleur jaune
que donne la chaux ou la terre alkaline
des végétaux , & il en réſulte un verd
plus ou moins foncé, à raiſon de la proportion des matières, & du degré de té-
nuité du principe colorant. On eſt aſſez
généralement perſuadé que la *manganèſe*
purifie le verre , en eſt le *ſavon* &
anéantit la couleur verte ; mais je doute
que ce ſoit d'après un examen bien réfléchi. La couleur verte reparoît auſſi-
tôt que la couleur rouge de la *manganèſe*
a été diſſipée, & je n'ai jamais vu que le
verre eût rien gagné. Il me paroîtroit plus
naturel de penſer que la combinaiſon des
trois couleurs ſimples , bleue , rouge &
jaune, produit le blanc dans le verre. Si
la chaux domine, ou que les matières de
la compoſition n'aient pas été bien purifiées, le verre eſt jaune ou verd-jaune :
ſi les matières ont été purifiées avec ſoin,
& ſi le ſel alkali fixe domine par rapport
à la chaux , le verre ſera bleu. Il en eſt
de

de même de la *manganèse* : la plus foible nuance de son rouge , toutes choses
égales d'ailleurs, donne au verre la blancheur la plus agréable. Je me suis assuré,
par des expériences répétées , que l'extinction tant vantée de la *manganèse* dans
le vinaigre , n'ajoute rien à sa bonté *a*.
La manganèse solide de Piémont est la
meilleure qu'on connoisse. Si *Césalpin* ,
Henckel , *Linnæus & Wallérius* , &c. ,
avoient eu occasion de l'examiner convenablement , ils n'auroient pas mis ce
minéral au nombre des mines de fer *b*.
On trouve , dans les *Miscellanea Bero-
linensia* 1740 , un excellent mémoire
de M. Pott , sur cette matière.

Les matières qu'on ajoute ordinairement , dans les compositions , à celles
dont nous venons de parler, n'y sont d'aucune nécessité. Il n'y a que le beau *suf-*

---

a V. la p. 53 de l'art de la verr. trad. franç. in-4°.

b V. la p. 48 du prem. vol. de la minér. de *Wallérius.*

Tome I.   F

fre qui foit utile pour prévenir la couleur jaune dans le verre, où on auroit fait entrer des matières mal purifiées , ou une trop grande quantité de chaux.

Il n'y a rien de moins uniforme, dans les auteurs & dans les verreries, que la compofition du verre *a*. Chaque maître fondeur a fes dofes & fa *recette*. Dans les verreries de *Bayel* en Champagne & du *Novion* en *Tiérache* , on met parties égales de fable & de *potaffe* ; dans celles de *l'Etembac* , dans les *Vofges* , parties égales de fable , de chaux & de *potaffe*. D'où peut venir une fi grande différence ? Vraifemblablement de ce que M. *Drulantaux* , auquel nous devons en France l'établiffement des verres blancs façon de Bohême, a un fourneau de fufion qui chauffe affez bien , & que M. ** & les *** en ont qui chauffent

---

a V. l'art de la verr. de *Néri* , *Merret* & *Kunkel* , celui de *Blancourt* , la p. 177 de la lithol. de M. *Pott* , & la p. 136 du tom. V. des élém. de chym. de *Boerhaave*.

très-foiblement. N'ayant rien de déterminé fur la conftruction & fur la forme des fourneaux, fur la nature & la préparation des matières, fur la vraie dépuration du verre, il étoit impoffible d'avoir quelque chofe de fixe & de fatisfaifant fur les proportions de la compofition. L'expérience même ne fervoit qu'à nous jeter dans de nouvelles obfcurités, ou qu'à nous affermir dans nos erreurs. M. ** foutenoit que fa compofition étoit bonne, parce que, pour peu qu'il diminuât la proportion de la *potaffe* ou *falin*, elle fondoit mal ou le verre ne pouvoit fe travailler. La compofition de M. ** étoit bonne relativement à fon fourneau, mais elle étoit très-mauvaife en elle-même, puifque le verre qui en réfultoit étoit peu clair, peu brillant, peu folide, très-fufceptible d'humidité; reffuoit le fel, fe décompofoit à la longue, & le pied creux des verres à boire fe rempliffoit dans le magafin, & fans communication

fenſible avec l'air extérieur d'une liqueur
ſaline ou diſſolution de ſel , partie alkali
fixe , partie neutre. On n'obſerve rien
de ſemblable dans le verre de M. *Dru-
lanvaux* , par la raiſon ſans doute que
ſon fourneau donne une chaleur ſuffi-
ſante propre à produire , avec une moindre doſe de fondant , une pénétration
réciproque , un mélange intime des matières eſſentielles , & une aſſez grande
fluidité , pour que le ſel de verre puiſſe
s'élever , ſe diſſiper , & emporter avec
lui la majeure partie du principe colorant
groſſier. Les défauts des compoſitions
trop *tendres* , trop chargées de ſel alkali fixe , ne ſeroient pas, à beaucoup
près , ſi ſenſibles dans les verreries où
l'on auroit un bon fourneau. L'action
long − temps continuée d'un feu très-
violent , en feroit même diſparoître le
plus grand nombre. Il ne manqueroit au
criſtal & au verre criſtallin , que la dureté & un peu de ſolidité. Les meilleurs
fourneaux ne ſauroient corriger les dé-

fauts d'une compofition trop maigre. On
a beau continuer le feu le plus violent ,
le mélange des matières eft toujours imparfait , le verre inégalement folide ,
plein de bulles , très - fufceptible de
rouille , & fe laiffe difficilement travailler. Il n'y a jamais affez de fluidité
pour que les matières effentielles fe dif-
folvent intimement , & que le fel de
verre puiffe fe diffiper.

Parties égales de la meilleure foude ;
de fable blanc ou de grès , de caffons
de la même efpèce , & cinq onces pour
cent de manganèfe ; parties égales de
beau fable , de chaux bien calcinée, de
potaffe blanche , de caffons de la même
efpèce , & quatre onces pour cent de
manganèfe ; trois parties de fable très-
blanc & très-pur , deux parties de fel
alkali fixe , de la *foude* ou de *potaffe*
très-purifiée , une partie de caffons de
la même efpèce , une demi-partie de
chaux calcinée avec la dernière exactitude, & quatre onces pour cent de man-

ganèfe , forment ordinairement , au moyen d'un bon fourneau, les meilleures compofitions pour le verre blanc commun , pour le.verre blanc fin , criftallin , & pour le criftal. Je dis *ordinairement*, parce que la *foude* & les fels alkalis fixes peuvent être plus ou moins chargés de fels neutres, qui ne font jamais un tout homogène avec le fable & la chaux , au moins ceux dans la compofition defquels entre l'acide vitriolique ou celui de fel marin.

Il feroit fans doute à fouhaiter que nous euffions une règle fûre pour nous diriger fur un point auffi délicat & auffi important. Je vais communiquer un moyen de trouver les proportions les plus avantageufes des fondans, qui m'a toujours parfaitement réuffi. Je fais deux ou trois livres de compofition dans les proportions ci - deffus, pour le fable , la terre végétale ou la chaux , les caffons , la manganèfe , & je diminue la dofe du fondant. Lorfque j'ai trouvé le

point où cette compofition , mife dans
un petit creufet fur l'ouvreau, fond fimplement pendant le temps d'un *affinage* ,
j'ajoute un dixième de fondant, & le
verre qui en réfulte a les qualités que je
defire. Il eft folide , très-net , très-bril-
lant, & conferve très-bien le poli. (*S*)

La *fritte* n'eft autre chofe que la calcination de la compofition,& cette calcination ne fert uniquement qu'à mêler les
matières & à leur enlever le principe colorant groffier. Il eft indifpenfable de
fritter les compofitions où l'on a fait entrer la *foude* en nature ; mais les autres
compofitions n'en ont aucun befoin , fi
les matières ont été bien calcinées féparément. Le mélange peut s'en faire auffi
exactement hors du fourneau que dans
le fourneau. L'ufage de mettre la *man-
ganéfe* dans le verre , après la fonte , ne
me paroît pas mériter d'être fuivi. Il eft
rare qu'il ne produife pas des veines rouges , & que les *pilons* , la *balle* , les *fers*
dont on fe fert pour faire le mélange ,

n'altèrent pas la couleur du verre. Si l'on trouve que la manganèse , simplement mêlée avec les autres matières , ne soit pas affez fixe , on n'a qu'à l'incorporer , par la fufion , avec le fable & le fel alkali fixe , à la manière du *fmalte* ou du *bleu d'émail.* Au lieu de *manganèfe* , on mettra dans la compofition , du verre pilé très-rouge. La fritte ou la compofition ne gagne à être gardée , qu'autant qu'on la fait paffer par une feconde calcination. (*T*)

. Avant de mettre la *fritte* ou la compofition dans les creufets , il importe que le fourneau foit très-chaud. Le feu la pénétrant inégalement , elle fondroit avec moins de facilité. La méthode d'enlever *le fiel de verre à la première fonte,* me paroît mauvaife. Ce fel facilite la fufion & la dépuration de la *feconde fonte.* J'ai toujours trouvé utile de ne faire la feconde & la troifième *fonte,* que lorfqu'il ne paroît plus de bulles dans les *larmes d'effai.* Le verre fe dépure beau-

coup mieux & plus promptement. Si le
fel de verre fe trouve abondamment fur
la dernière fonte, il eft avantageux de
l'enlever avec une *poche de fer*, parce
qu'il corrode les creufets. *Le fiel de verre*
éft le plus cruel ennemi que le maître de
verrerie ait à redouter. Il eft la caufe
des *bulles*, du *point*, de *l'empetit*, du
réfinage, de *l'engelé*, du *vergetage*, des
nuages, des *graiffes*, du *laiteux*, du
feuilletage, de l'*humide*, du *reffuage*,
du défaut de folidité, de la *rouille* ou
plombé du verre, de la dégradation inégale, quelquefois de la *fracture des creu-*
fets. Ce feroit un très-grand bien qu'il
n'en reftât point dans le verre ; mais il
feroit, je penfe, très-fâcheux qu'il n'y
en eût pas une petite quantité dans le
fel alkali fixe. Il difpofe les matières à la
fufion, en facilite le parfait mélange,
contribue infiniment à la dépuration du
verre, entraîne avec lui les matières
hétérogènes, fur-tout le principe colorant groffier. Pour s'en convaincre, on

F v

n'a qu'à faire fondre avec du *fuin* le
verre qui , par fon féjour dans le fond
des fourneaux de fufion , eſt devenu
noir & opaque. Par ce moyen , on lui
rendra fa tranſparence & fa couleur naturelle , & on lui enlevera même la
vertu électrique qu'il avoit au plus haut
degré. On voit par-là que l'uſage où ſont
quelques verreries d'ajouter du ſel marin
aux compoſitions de verre groſſier , n'eſt
point à mépriſer. Le ſel admirable de
Glauber & le tartre vitriolé produiroient
les mêmes effets ; & même le dernier
mérite la préférence , à raiſon de ſa plus
grande fluidité. Voyez *p.* 175 & 176 de
l'examen des pierres de M. *Pott.*

Les favans & les maîtres de verrerie
regardant le *fuin* ou *fiel de verre* , avant
l'excellent mémoire de M. *Pott,* déjà
cité , comme un *ſel alkali fuperflu ,* &
ne foupçonnant même pas le plus grand
nombre de fes mauvais effets , ne pouvoient conſeiller & employer que deux
moyens pour le détruire , *l'extinction du*

verre dans l'eau & les longs affinages.
Ces moyens font bons, mais l'expérience prouve qu'ils font infuffifans.
L'eau ne peut fe charger de tout le fel,
qu'autant que le verre feroit réduit, par
l'extinction, en pouffière très-fine. L'action du feu, fi long-temps continuée
qu'elle foit, ne forcera jamais tout le
fuin à fe diffiper, fi le verre n'a pas une
fluidité convenable. Dans ce cas, le
verre retient le *fiel de verre*, comme les
fcories trop pâteufes retiennent le métal.
La feule différence qu'il y a, c'eft que
l'un empêche l'évaporation, & les autres la précipitation. Diverfes pratiques
de verreries, inventées dans d'autres
vues, contribuent à la diffipation du *fiel
de verre.* On met de l'*arfenic*, de l'*antimoine*, des *écorces vertes d'arbres* dans
le verre en fufion. On le remue avec des
bâtons verds de *frêne*, de *coudrier*, de
tilleul, &c. dans l'idée de le *blanchir*,
de détruire fes couleurs trop fortes.
Ces différentes manœuvres n'ont d'effet

F vj

qu'autant qu'il y a du *fuin* dans le verre.
Elles en facilitent le dégagement par le
paffage que s'ouvrent, à travers le
verre, l'*arfenic*, le papier dont il eft
enveloppé, l'*antimoine*, les *écorces*, les
parties aqueufes & l'écorce des bâtons.
Le fel de verre fuit ces matières, & emporte avec lui le principe colorant groffier. Le *pilonage* qu'on fait pour mêler
la *manganèfe* avec le verre, produit le
même effet. Après ces opérations, le
verre du haut des creufets eft très-bouil-
lonneux, & fe trouve chargé de moitié
plus de *fuin* que celui du milieu ou du
fond des creufets. On peut s'en affurer
par l'expérience. Ces moyens ne fauroient jamais remplir parfaitement leur
objet. On ne doit fe flatter de détruire
entièrement le fel de verre, qu'autant
que la compofition aura été faite dans
des proportions convenables, & qu'on
emploira un feu très-violent & affez
long-temps continué; qu'il y aura, dans
la compofition, le fel alkali fixe nécef-

faire pour *faturer* complétement, s'il
eft permis de fe fervir de ce terme, à
un feu très-violent, le fablé & la chaux.
La parfaite dépuration fe fera alors fans
qu'on foit obligé d'avoir recours à aucun
autre moyen. Je crois avoir indiqué ci-
deffus ces proportions, ou la vraie méthode pour les trouver dans tous les cas.

D'après ce que nous venons de dire,
on voit ce qu'on doit penfer de ce qu'ont
écrit les auteurs de l'art de la verrerie
fur les *couleurs* du verre, que *le feu les
confume* ; qu'il faut les prendre pour
ainfi dire à la volée ; que les minéraux
feuls peuvent les fournir, &c. " Les
couleurs ne difparoiffent que parce que
la matière colorante ayant plus d'affinité avec le *fuin* qu'avec le verre, fe
combine & fe diffipe avec lui. Lorfque
le verre eft exactement purgé des fels

---

a V. les p. 254, 255, 262, &c. de l'art de la verr.
trad. in-4°., & la p. 275 du tom. V. des élém. de
chym. de *Boerhaave.*

neutres, *tartre vitriolé*, *fel marin* & *fel admirable de Glauber*, les couleurs font fixes au feu le plus violent & le plus long-temps continué. La couleur jaune que donnent la fuie, les charbons des végétaux & des animaux, eft auffi fixe que le bleu du *fuffre* & le rouge de la *manganèfe*. Le fel de verre me paroît le plus fûr moyen qu'on puiffe employer pour amener les couleurs au ton & à la nuance defirée.

Toute efpèce de bois eft bonne pour fondre & cuire le verre, pourvu qu'il foit bien fec & d'une groffeur moyenne, de trois à quatre pouces de tour. Les bois fans écorce de *hêtre*, de *charme*, de *bouleau*, de *cerifier*, de *frêne*, donnent la flamme la plus claire : ils font à préférer, fur-tout pendant le travail du verre. Les cendres du *peuplier*, du *tremble*, du *faule*, du *tilleul*, font fi légères qu'elles voltigent dans le fourneau, & s'attachent à la furface des pièces qu'on chauffe ; ce qui en altère l'uni & le bril-

lant. Le bois de chêne, à moins qu'il ne
foit extraordinairement fec, pétille ; &
ces petites explofions jettent des charbons dans les creufets. Il n'eft point de
matière combuftible d'un effet auffi fûr
ni auffi prompt que le bon charbon·de
pierre ou de terre. Les criftalleries angloifes, & les manufactures de glaces de
Londres & de *Tourlaville* en Normandie, l'employent avec le plus grand fuccès. J'ai toujours trouvé que quatorze
livres pefant de bon charbon de terre .
produifoient autant d'effet que vingt-
cinq livres pefant de bois fec. Il n'y a
certainement pas à craindre que, dans
un fourneau bien proportionné, les fumées & les cendres du charbon puiffent
altérer la couleur du verre. Nous avons
en abondance d'excellent charbon de
terre. Le bois devient de jour en jour
plus rare & plus précieux. Je penfe qu'on
ne fauroit trop encourager les établiffemens de verreries où l'on ne brûleroit
que du charbon de terre.

Quelque matière combuſtible qu'on emploie, il eſt eſſentiel de *ſervir* le fourneau avec beaucoup d'égalité. La moindre négligence de la part du *tiſeur* retarde conſidérablement les affinages. Quand, depuis environ une heure, il ne paroît plus de bulles dans les *larmes* d'eſſai, & que le verre blanc ou le criſtal eſt au point de couleur qu'on ſouhaite, on peut arrêter le feu. Il eſt de conſéquence de *marger* (boucher les ouvertures) exactement le fourneau, & de le tenir *margé* pendant trois ou quatre heures. On néglige mal-à-propos cette attention. Elle contribue beaucoup à la perfection de *l'affinage*; non en donnant au verre la facilité de chaſſer l'air de ſes interſtices par ſon affaiſſement, & par-là, d'être exempt de bulles, comme on le croit communément, mais pour donner aux matières étrangères, & principalement au *ſel de verre*, dont le verre pourroit encore être chargé, le temps de monter au haut des creuſets. (*U*)

Il seroit assez inutile de s'étendre ici en observations sur la manière de travailler le verre, & cela nous mèneroit beaucoup trop loin. Je me contenterai de recommander aux ouvriers beaucoup de propreté.

De quelque importance que soit la *recuisson* du verre, je ne connois point d'auteur qui en ait parlé. Dans les verreries, on en a des idées fort obscures, il y en a même où l'on croit qu'elle s'opère par une espèce de vertu occulte. Il est aisé de s'assurer qu'elle n'est autre chose qu'un refroidissement amené par degrés insensibles ; mais il est très-difficile de procurer au verre cette espèce de refroidissement, sur-tout aux pièces d'épaisseur inégale & aux *plateaux*. C'est sans doute cette difficulté qui fait que les plats des verres à vitres des cinq grosses verreries de Normandie, sont mal recuits. Quelque minces qu'ils soient, on n'en trouve presque pas un qui soutienne convenablement l'impression du

diamant, qui ne foit plus fragile qu'il n'eſt
de la nature du verre de l'être. La manière dont on recuit ordinairement les
groſſes pièces, lanternes, grands verres
d'optique, plateaux, &c. doit produire
une mauvaiſe *recuiſſon*.

Lorſqu'on a mis dans un fourneau
très-chaud toutes les pièces qu'on veut
y mettre, on le *marge* avec ſoin. Il eſt
certain que les verres reçoivent, &
preſque ſubitement, un plus haut degré
de chaleur, après qu'on a *margé*. Il ſuffit de regarder dans le fourneau, pour
s'en convaincre. Outre la *caſſe* & le
plati qui réſultent ordinairement de cette
augmentation de chaleur, on a très-long-
temps à attendre le parfait refroidiſſement du fourneau ; à moins, comme
c'eſt l'uſage généralement reçu, qu'on
ne commence à *démarger*, à donner de
l'air, au bout de deux ou trois jours.
L'air extérieur ſe précipite avec d'autant
plus de rapidité dans le fourneau, qu'il
eſt plus chaud. Il eſt aiſé de ſentir que

ce *démargement* fait éprouver aux verres un changement trop fubit, pour qu'ils n'en fouffrent pas. Auffi trouve-t-on toujours un grand nombre de piéces caffées, & toutes mal recuites. Il y a un moyen très-fimple d'obvier à tous ces inconvéniens ruineux pour le maître de verrerie, & très-préjudiciables à l'intérêt du public, de bien recuire, & en moins de jours, dans le même fourneau. Tout le changement confifte à faire percer, au milieu de la voûte, une ou plufieurs ouvertures de cinq pouces de diamètre, fuivant la grandeur du fourneau. Par exemple, une ouverture fuffit, pour le fourneau, à étendre & à recuire les verres plats foufflés fans *boudine* ou en façon de Bohême. Elle doit être percée au milieu de la voûte A, (*fig.* 6ᵉ.). Auffi-tôt qu'on a *margé* les ouvertures F, G & l'entonnoir C, on *démarge* l'ouverture de la voûte, & enfuite on marge les deux extrémités du *tifard*. Par ce moyen, ni le *plati* ni la *caſſe* ne ſont à craindre ; les verres ſont recuits auſſi parfaitement qu'il eſt poſſible, & dans l'eſpace de quatre ou cinq jours, au lieu de huit au moins qu'il en falloit pour les recuire mal. On ſent aiſément que le degré de chaleur ne peut augmenter, & qu'il diminue inſenſiblement ; que la chaleur ſe diſſipe par l'ouverture de la voûte, ſans que l'air extérieur puiſſe s'introduire dans le fourneau d'une manière marquée. (*U U*)

Dans les verreries en plats, en tables coulées ou ſoufflées avec ou ſans *boudine*, en lanternes, en criſtal, &c. les ouvriers ont de trop longs intervalles de repos. Le plus grand nombre eſt au moins trente heures de ſuite, & trois fois par ſemaine, ſans travailler. Cette oiſiveté eſt funeſte au bon travail. Il eſt rare qu'elle ne produiſe le relâchement, qu'elle ne conduiſe à la diſſipation & même à la débauche. Le public eſt auſſi intéreſſé que les maîtres de verrerie à voir ce vice déraciné. Nous en fournirons des moyens également utiles & honnêtes.

Il fe perd beaucoup de feu dans les mêmes verreries. Les ouvreaux font prefque toujours libres ; les *arches* ni les fourneaux à recuire ne font jamais pleins; les premières font affez fouvent vuides. Il feroit à fouhaiter de pouvoir profiter de ce feu perdu ; l'art y gagneroit. Nous avons des hommes d'un talent exquis pour mettre l'émail en œuvre ; mais il faut que ces grands artiftes préparent & faffent eux-mêmes, à grands frais, leurs couleurs & leurs émaux, ou qu'ils les achetent de l'étranger. Que de facilités ne trouveroit-on pas à cet égard dans nos verreries ! Les hommes, les fourneaux & le feu néceffaires pour calciner l'étain & le plomb, ou pour faire le *crocus des métaux*, fi on le préfère à la chaux d'étain & de plomb dans la confe&ion de l'émail blanc, n'y coûteroient rien. On y trouve des moyens admirables de préparer toutes les couleurs, & de bien dépurer & cuire l'émail. Nous aurions fûrement des émaux à bas prix, & à

très-peu de chofe près, d'un même
dégré de fufibilité, puifqu'on employe-
roit toujours le même feu & la même
compofition. Les peintres gagneroient
encore vraifemblablement des couleurs
plus belles & un plus grand nombre de
nuances. (*X*)

L'art de peindre à la mofaïque eft le
feul qui puiffe tranfmettre, fans altération, à la poftérité la plus reculée, la mémoire des grands événemens & des hommes illuftres. Ses productions fe jouent
également des injures de l'air, de l'action de l'humidité & des reffources de
la malice ou de la jaloufie. Il n'eft point
de voyageur qui ne foit enchanté des
chef-d'œuvres, en ce genre, qu'on voit
à Rome. Cet art n'eft prefque connu en
France que de nom. Pourquoi ne l'a-
t-on pas forcé à fortir de l'Italie ? Nous
avons certainement un grand nombre
d'artiftes en état de s'y diftinguer: ce
ne font point les talens qui manquent,
c'eft la matière qui manque aux talens.

Donnez-leur les différens verres colorés nécessaires, vous verrez des prodiges. Il est certain que ces verres colorés pourroient être fabriqués très-commodément & à très-bas prix dans nos verreries.

Nous ne pouvons nous flatter de voir nos porcelaines au degré de perfection dont elles sont susceptibles, que lorsqu'un grand nombre de personnes s'occuperont de cette branche de l'art de la verrerie. Je ne pense pas que nos verreries doivent entreprendre ces grandes pieces, dont le mérite consiste dans l'élégance de la forme, dans la correction du dessin, la richesse de la composition, la hardiesse du pinceau, l'harmonie des couleurs. Ces prodiges de l'art & du goût sont réservés à la manufacture de *Séves* ; mais je crois que les verreries pourroient fabriquer une porcelaine moyenne, assez belle & d'un prix assez modique, pour faire cesser les importations ruineuses de la porcelaine commune de la Chine. L'argile pure, bien préparée & combinée

convenablement avec la poussière très-
blanche de caillou ou de sable , pourroit
leur fournir une assez bonne composition de porcelaine , & un *verre de craye*
très-bien épuré , leur donner une *belle
couverte a*. Cette porcelaine ne différeroit
pas , autant qu'on pourroit peut-être se
l'imaginer ; de celle de la Chine ; du
moins conviendra-t-on qu'elle lui ressem-
bleroit en ce qu'il n'entreroit point de
sels dans la pâte , ni de métaux dans la
couverte. Les maîtres de verrerie n'auroient besoin que d'un peintre & d'un petit nombre de modèles. Ils trouveroient,
sans qu'il leur en coûtât rien , ou presque
rien , tout le reste chez eux ; ouvriers ,
bâtimens , fourneaux , & tous les degrés
de feu nécessaires.

La conversion du fer en acier , par
la *cémentation* , pourroit encore fournir aux verreries un moyen très-utile de
profiter

---

a V. les p. 103 , 605., &c. de l'arr de la verr.
trad. franç. in-4°.

profiter de leur feu perdu & d'occuper
leurs ouvriers fans les fatiguer. On fait
que tout l'art confifte à rendre le fer plus
dur, & à le charger d'une plus grande
quantité de *phlogiftique* atténué par le
moyen des fels[a]. Cette induftrie auroit
un double avantage pour le royaume :
le verre feroit à plus bas prix, & nous
ne ferions pas obligés de tirer annuellement, pour des fommes très-confidéra-
bles, d'acier des pays étrangers.

Ces moyens de mettre à profit le trop
long repos des ouvriers & le feu perdu
des verreries, mériteroient d'être traités
avec plus d'étendue ; mais je ne pourrois
m'y arrêter plus long-temps, fans paffer les bornes preferites à ce mémoire.
Je dois avertir que je n'ai pas prétendu
confondre avec les ouvriers les gentils-
hommes qui travaillent le verre. Il ne
paroîtroit pas jufte qu'ils ne fuffent pas

---

[a] V. l'art de convertir le fer en acier, par le célé-
bre M. de Réaumur.

mieux payés & qu'ils travaillaffent autant
que de fimples roturiers. Le defir naturel qu'ils ont de fe diftinguer affure à
l'art & aux maîtres de verrerie un am-
ple dédommagement.

Ce ne font pas les feuls avantages que
puiffe nous procurer l'art de la verrerie
perfectionné. Nous devons en attendre
une connoiffance plus intime & plus
étendue des fels, du phlogiftique, des
couleurs, des terres, des minéraux, de
la métallurgie, de la pyrotechnie, &c.
Il ne feroit pas difficile de prouver que
cette affurance n'eft pas deftituée de fondement.

De nouvelles lumières peuvent fans
doute beaucoup contribuer à la perfection de l'art de la verrerie ; mais elles
ne le conduiront jamais ; fans le fecours
du gouvernement, au plus haut degré
dont il eft fufceptible. Cet art eft trop
précieux & le miniftère trop éclairé,
pour que nous ne foyions pas perfuadés
qu'il lui accordera toutes les facilités

dont il a befoin ; qu'en fa faveur il ho-
norera de fa protection les nouvelles recherches ; qu'il encouragera l'induftrie ;
qu'il animera le talent. Il ne me conviendroit affurément point de me permettre
à cet égard aucu n détail. Je dois me ren-
fermer dans les vœux *du bon citoyen* qu[i]
a donné lieu à ce mémoire[a]. Je me flatte
qu'on me pardonnera d'avoir paffé rapi-
dement fur plufieurs points de la matière
que j'ai ofé entreprendre de traiter. Elle
eft d'une trop grande étendue pour être
épuifée dans un mémoire. Je puis me
rendre le témoignage de n'avoir rien
négligé de ce que j'ai fu ou cru de plus
important à dire. Si je ne craignois d'en-
nuyer, il me feroit aifé d'établir , par de[s]
états de dépenfe & de produit , qu'au

---

[a] Un bon citoyen , qui n'a point voulu qu'on
le nommât , remit en 1759 une fomme de cinq
cent livres à l'académie royale des fciences, pour
récompenfer celui qui , au jugement de cette compagnie , auroit le mieux répo ndu à la queftion qui
fait le titre de ce mémoire.

moyen de ce que j'ai dit fur les fourneaux
& les creufets, fur les matières à convertir en verre & fur la manière de le
faire, on peut faire du beau verre durable, à *moitié* meilleur marché que le
verre de nos verreries les plus eftimées.
J'aurois peut-être pu éviter l'ennui par
l'application circonftanciée de mes principes à quelque branche particulière de
l'art de la verrerie, par exemple, à la
glacerie ; mais cela m'auroit mené beaucoup trop loin. Si je pouvois foupçonner
que ce fût une perte pour le public, je ne
tarderois pas à le dédommager ; rien ne
fauroit plus me flatter que d'y être en-
couragé par l'académie, & de mériter
fon fuffrage fur ce que j'ai l'honneur de
lui préfenter.

EXPLICATION DES PLANCHES.

Figure première. Plan d'un Fourneau de fusion à bois.

Planche
1ere.

A, Atre du fourneau.

BB, tifards ou chauffes.

CCCC, arches à recuire.

Figure deuxième. Plan d'un Fourneau de fusion à charbon de terre.

AA, âtre du fourneau.

BBBB, galeries à vent.

CCCC, fièges ou banquettes à placer les creufets.

DD, tifards ou chauffes.

EEEE, arches.

FF, grille.

Figure troifième. Coupe & élévation du Fourneau de fufion.

A, tonelle.

BB, fièges.

C, angle qui divife l'intérieur de la voûte du fourneau fur la largeur en deux lignes courbes égales, & qui réfléchit la plus grande quantité poſſible de chaleur fur les creufets.

DD, lunettes des arches à matières ou à fritte pour le verre à bouteilles & à vitres.

EE, lunettes des arches à recuire.

GG, portes à pot, ou pour faire entrer & fortir les creufets de l'arche à recuire.

HH, ouvertures pour placer dans les arches, les bouteilles & les *culaſſes* ou pots à manchon.

FF, voûtes des arches à matières.

I, bouchoir d'ouvreau pendant la fonte & affinage.

L, bouchoir d'ouvreau pendant la *céré-monie.*

Planche 2ᵉ. *Figure quatrième. Plan d'un attelier à extraire le Sel alkali fixe de la foude.*

A, intérieur de l'attelier.

B¹ B² B³, devant & élévation des

fourneaux des chaudières à extraire.

CCC , tisards ou chauffes.

D 1 D 2 D 3 , chaudières vues en perspective.

EEE , cheminées.

FFFF , réservoirs à mettre la soude en poudre fine & l'eau pour en dissoudre le sel.

GGGG , réservoirs où coule la lessive ; & d'où on la prend pour la porter dans la chaudière D I , où est le plus grand feu.

HHHH , réservoirs où s'égoute le sel placé dans l'auge I.

Figure cinquième. Plan, coupe & élévation du Fourneau à calciner le Sel alkali fixe & à faire la fritte.

AA, plan & figure de l'âtre du fourneau.

B , tisard ou chauffe.

CCCCCCCCC, conduits de communication du feu du tisard dans le fourneau.

B , porte du tisard.

*Figure sixième. Plan d'un Fourneau à
étendre & à recuire les Verres à vitres.*

A C , trompe ou conduit à mettre à
    chauffer les manchons, & qu'on pousse
    par degrés jusqu'à *l'étendage* EEEEEE.
BB , fourneau à relever & à recuire les
    feuilles de verre.
DG , tisard ouvert des deux bouts.
EEEEEE , conduits de communication
    du feu du tisard dans le fourneau à
    étendre.
F , porte du fourneau à relever & à re-
    cuire les feuilles de verre.

NOTES

Sur le Mémoire qui a remporté le prix d'l'Académie Royale des Sciences, sur la perfection de la Verrerie en France.

A.

CHAPITRE PREMIER.

Ancienneté de l'Art de la Verrerie. Conjectures sur la découverte du Verre.

ON doit être d'autant plus étonné que cet art ait fait si peu de progrès, qu'il a été connu dans la plus haute antiquité. Au temps de Strabon [a], les verreries de la grande Diospolis, capitale de la Thébaïde, & celles d'Alexan-

---

a Géograph. Lib. XVI.

drie, étoient très-célèbres. Il est certain qu'on y faisoit des coupes d'un verre porté jusqu'à la pureté du cristal, d'autres vases appellés *Alassontes*, qu'on suppose avoir représenté des figures dont les couleurs changeoient suivant l'aspect sous lequel on les regardoit ; qu'on y contrefaisoit les pierres précieuses, & qu'on y tailloit, gravoit & doroit le verre [a].

Les savans qui paroissent avoir travaillé avec le plus de succès à nous faire connoître les arts des anciens peuples, tels que l'auteur des recherches philosophiques sur les Egyptiens & les Chinois, pensent que les verreries de l'Egypte étoient plus anciennes que celles de Tyr & de Sidon.

Il n'est nullement probable que ces premières verreries aient fait des verres plats à vitres beaucoup moins, soit par le *soufflage*, soit par le *coulage* des gla-

---

[a] V. Athénée, lib. V, cap. VI.

ces à miroir. Le terme *specula*, mis vraisemblablement pour *specularia*, qui se trouve dans Pline [a], ne paroît désigner que des petites pièces de verre fort épaisses, & ordinairement rondes qu'on enchâssoit dans du plâtre, pour en faire des fenêtres, telles qu'on en trouve encore de nos jours en plusieurs endroits du Levant & de la Turquie.

On ne sauroit cependant disconvenir que le verre plat ne soit très-ancien. M. Soufflot, célèbre architecte, quelque temps après son voyage d'Italie, m'en donna un morceau qui avoit été trouvé dans *Herculanum*. Ce verre avoit près de trois lignes d'épaisseur, étoit bien *étendu*, fort-transparent, d'une couleur tirant sur le verd, & il avoit été évidemment soufflé, puisque trois *cueilles* y étoient sensibles.

L'origine qu'un grand nombre d'au-

---

[a] V. hist. nat. lib. 36, cap. 26.

teurs ont donnée à l'art de la verrerie,
m'a toujours parue une fable. Des mar-
chands, a-t-on dit, ayant allumé du feu
sur le rivage de la Phénicie, virent que
le sable entroit en fusion, & trouverent
ainsi, sans y penser, la méthode de
faire du verre. Il faudroit être bien
crédule pour croire qu'ils virent le sable
entrer en fusion ! On sait que la vitrification demande nécessairement un
feu de réverbère. » Le concours des
» causes fortuites, dit le savant M. de
» P.... *a*, n'a pas, dans toutes ces cho-
» ses, autant de pouvoir qu'on le croit
» communément : les procédés doivent
» se développer les uns après les autres.
» Le hasard paroît avoir eu peu de part
» à l'invention du verre, qui ne peut
» avoir été découvert qu'à la suite de
» l'art du potier : on a eu une poterie,
» & même une pâte approchante de la
» porcelaine avant que d'avoir du verre;

____

a V. recher. sur les Egypt. & les Chin.

» plusieurs nations même se sont arrê-
» tées à la découverte de la porcelaine,
» sans pouvoir aller au - delà ; d'autres
» n'ont connu qu'une sorte d'émail.
» Par exemple, on ne savoit pas faire
» du verre dans toute l'étendue de l'A-
» mérique en 1592 ; & cependant de
» certains sauvages y possédoient la
» méthode de vernir d'émail les pots de
» terre , au rapport de Narbourough.
» Cette origine de l'art de la verrerie
» me paroît beaucoup plus vraisembla-
» ble. L'art du chaufournier & du tuilier
» ont pu aussi donner l'idée de celui de
» la verrerie. Il est très-rare qu'on cuise
» de la chaux ou des tuiles , sans voir
» couler quelque *larme* de verre ».

B.

CHAP. II.

Progrès de l'Art de la Verrerie en Angleterre.

DEPUIS 1760, les Anglois ont con-
sidérablement perfectionné leurs ver-

reries, comme un grand nombre d'autres branches de commerce. Leurs verres à vitres ne laissent rien à desirer
pour la qualité du verre ; il est d'une
belle eau & bien affiné ; mais cés verres,
faits en *boudine*, ont les défauts insé-
parables de cette espèce de fabrication ;
ils sont *aigres*, mal recuits & gauches.
D'ailleurs, cette méthode ne peut donner de grands carreaux ; par exemple,
des 30-30, moins encore des 36-30,
non – seulement parce que ces verres
sont nécessairement trop minces & trop
gauches, mais aussi parce qu'il faudroit
que le *rond* eût huit ou neuf pieds de
diamètre, ce qui est impossible. Le
verre d'assortiment, verres, carafes,
&c. d'Angleterre, est blanc & bien affiné. Mais, à raison des chaux de plomb
qu'on fait entrer dans sa composition,
il est beaucoup trop lourd.

Les glaces soufflées angloises sont d'une
plus belle couleur que les coulées, elles
sont aussi mieux *affinées*. Le verre des

unes & des autres m'a paru un peu trop tendre, & manquer de la solidité qu'exigent sur-tout les grands volumes. Ces deux défauts ne seroient pas aifés à corriger; il seroit trop long d'en détailler ici les raifons.

Les Anglois ont une *pâte* de luftre de toute beauté. Les luftres qu'ils en font, & dont ils poliffent fupérieurement, dont ils taillent & difpofent avec le plus grand art toutes les pièces, réfléchiffent néceffairement les couleurs de l'arc-en-ciel ; l'emportent & pour le coup d'œil, & par leurs plus grands effets, fur les luftres de criftal de roche. J'ai vu vendre de ces luftres jufqu'à deux cents louis d'or.

La découverte du *flint-glaff* de ce verre dont les effets font fi étonnans, eft entièrement due à la grande Bretagne. Celui qui s'y fabrique préfentement eft fort éloigné de la perfection dont je le crois fufceptible ; on pourroit même dire que les Anglois ont prefque perdu tous les fruits de leur découverte, & par une cause fort simple, dont ils ne se font pas encore apperçus. Il est très-rare de trouver chez eux du *flint-glaß* qui ne soit infecté de graiße, de points blancs, de fils, & qui ne soit neigeux. Quoique quelques compagnies savantes aient consommé des mémoires sur la fabrication du *flint-glaß*, il ne paroît pas moins certain qu'il n'y a encore que l'Angleterre qui fabrique du vrai *flint-glaß*. C'est que tout l'art ne consiste pas uniquement à faire entrer dans cette espèce de verre la plus grande quantité possible de chaux de plomb.

Il n'est point de pays où le verre blanc-fin soit aussi cher qu'en Angleterre. Les matières premières ; le minium & la potaße du Canada, dont il est composé, font cependant à un plus bas prix que par-tout ailleurs. Le charbon de terre que les Anglois employent pour alimenter leurs fourneaux de verrerie ne leur coûte pas aussi cher que le bois de pres-

que toutes les verreries des autres parties de l'Europe. La main-d'œuvre pour
cette espèce de travail, en Angleterre,
même à Londres, n'est guère plus chère
que dans nos verreries. Quelle est donc
la raison du plus haut prix du verre
blanc anglois ? Ce sont les droits énor-
mes dont il est chargé.

Le verre blanc d'assortiment, les *pâtes*
de lustre & les glaces à miroir payent au
gouvernement environ moitié du prix
qu'elles sont vendues. A la sortie du royaume le gouvernement rend sans aucune
difficulté le droit que ces marchandises ont
payé. Les Anglois paroissent avoir pour
maxime de charger de forts droits tous
les ouvrages de l'art, dont les hommes
peuvent se passer. Il n'y a conséquemment que les gens riches qui payent les
plus fortes impositions, & sans y être
forcés : cette maxime est conforme à l'humanité, à la justice, & ne peut nuire
à l'industrie.

Il est aisé de prévoir que l'art de la verrerie fera en Angleterre des progrès plus rapides que dans aucune autre partie du monde. La richeffe de ces infulaires ; le patriotifme qu'ils portent jufqu'à l'enthoufiafme ; la bonne qualité & l'abondance de leur chaux de plomb , de leur potaffe & de leur charbon de terre ; la facilité des tranfports par les canaux qu'ils ont fi fort multipliés , & par les rivières qu'ils ont rendues prefque toutes navigables ; fur-tout la fociété des arts , établiffement fort au-deffus de tous nos éloges , affociation vraiment digne de la Grande Bretagne , fans ceffe occupée de la perfection des arts utiles, & qui dépenfe chaque année pour leur encouragement 100000 liv. de notre monnoie ; tous ces avantages ineftimables ne nous permettent pas de douter que cet art important ne foit promptement porté par les Anglois au plus haut point de perfection.

C.

CHAP. III.

Progrès de l'Art de la Verrerie en France depuis 1760.

LA verrerie de France a changé de face depuis la publication de mon mémoire. Il s'eft formé un grand nómbre de manufactures en verre blanc à vitres & en affortiment. Il n'exifte plus de verreries à la françoife, en verre *chambourin*, que pour les rouléaux & les fioles à médecine. L'affortiment en verre blanc n'eft pas plus cher que l'affortiment en verre verd l'étoit en 1760, & le verre en table a confidérablement baiffé de prix, quoique les potaffes foient renchéries. Je puis donc me flatter d'avoir opéré, par mes récherches & par mes ouvrages, une révolution avantageufe dans cette branche importante d'induftrie & de commerce.

Il est notoire que la célèbre manufacture des glaces à miroir de Saint-Gobin,
à l'époque de 1755, avoit été trois
années consécutives dans l'impossibilité
de fabriquer aucune glace coulée mar-
chande. Dans la vue de faire une plus
grande quantité de glaces, on avoit
augmenté d'environ un tiers la capacité
des creusets, sans augmenter la capacité
du fourneau. Sans s'en appercevoir, on
avoit évidemment détruit la proportion
nécessaire entr'eux. Il étoit de toute
impossibilité que le feu du même fourneau mît en parfaite fusion un tiers plus
de matière. En augmentant, par une
addition de fondant, la fusibilité de la
composition, je démontrai que le mal
n'avoit pas d'autre source que celle que
je viens d'indiquer ; & en ramenant les
creusets à leur juste proportion avec le
fourneau, je remis, dans la main des
intéressés à cette manufacture, le fil de
leur routine. Je fis plus, j'établis leur
manufacture sur des principes aussi sim-

ples que certains. Il ne leur eſt plus poſſible de s'égarer, du moins au point
qu'ils l'avoient fait avant 1755.

Il n'eſt pas moins connu que j'ai formé ſeul la manufacture des glaces de
Rouelles en Bourgogne ; qu'en très-peu
de temps je fis, d'un grand nombre de
bûcherons, des ouvriers en glaces auſſi
adroits qu'intelligens ; & que je mis
dans la formation de cet établiſſement,
une ſi grande économie, que du conſen-
tement de mes aſſociés, j'établis le prix
des glaces à 50 p$\frac{c}{o}$ au - deſſous du tarif
de Saint-Gobin, pour tous les volumes.

Dans mon mémoire couronné, je
n'avois pu traiter que des principes
généraux de l'art de la verrerie, & peu
de perſonnes ont été en état d'en faire
une heureuſe application à ſes différentes branches. Soit défaut de lumières,
ſoit que le gouvernement n'ait pas donné
à cette importante eſpèce d'induſtrie
toute l'attention qu'elle mérite, l'im-
portation du verre, dans le royaume,

eft encore très-confidérable. Il y a peu de nos villes du premier & du fecond ordre, où l'on ne trouve des magafins de verre taillé & non taillé de Bohème, & les Anglois continuent à nous fournir du verre pour l'optique, & du criftal coloré & non coloré

D. E.

C H A P. IV.

Nature de l'Argile employée à la conf-truction des Fourneaux de fufion & à la fabrication des Creufets.

LES Anglois conftruifent préfente-ment leurs fourneaux de verrerie, de briques faites avec une argile à pyre, d'un blanc fale, de l'argile de Windfor, de la terre à pipe, près de Londres, & de Sturbridge, &c.

Toute argile, blanche comme celle de Boïlu, près Chimey, s'appelle terre à porcelaine ; mais celles qui ont perdu une partie de leur *gluten*, & qui font chargées de plus ou moins de *detritus*, de quartz, méritent principalement cette dénomination ; telles font celles de Souxillanges & de Javogue en Auvergne, & la belle terre à porcelaine de Saint-Thiriey, près Limoges. Ce feroit s'expofer à des accidens fàcheux, que d'employer, pour la verrerie, ces dernières argiles, fans en extraire exactement le fable quartzeux qu'elles contiennent. Nous en verrons dans la fuite la raifon.

L'argile eft un fel vitriolique, non faturé, à bafe terreufe. Un grand nombre d'expériences prouvent que l'acide vitriolique eft une partie conftituante de l'argile. L'odeur fulphureufe qui s'exhàle d'un fourneau où l'on calcine de l'argile fraîche, fuffit pour en convaincre.

Il eft très - probable que la bafe de l'argile eft une terre calcaire modérée ; mais que cette terre ait été calcinée, rien ne me paroit l'indiquer. Si elle étoit quartzeufe , ou du genre de la terre du caillou , l'argile ne fe chargeroit pas d'acide vitriolique lorfqu'elle eft délayée dans l'eau, & elle n'exigeroit pas , pour fa vitrification , une plus forte dofe de fel alkali fixe.

Il eft pourtant certain que , comme le célèbre M. de Buffon l'a affuré , l'argile fe forme de la décompofition des cailloux , que les cailloux fe changent en argile. Un caillou , aux quatre cinquièmes évidemment changé en argile , qu'on voit dans le cabinet du favant M. de Romé-de-Lifle , en feroit feul la preuve. Il n'eft pas moins vrai que , par cette métamorphofe , la terre du caillou perd fes propriétés & prend en partie celles de la terre calcaire dont le caillou tire vraifemblablement fon origine.

La preuve que la bafe de l'argile n'eft pas parfaitement faturée d'acide vitriolique , c'eft que l'argile délayée dans l'eau , s'en charge encore d'une partie , & qu'alors elle donne de l'alun.

Les

Les principaux caractères de l'argile
font d'être naturellement douce &
graffe au toucher, sèche en maffe, &
même cuite jufqu'à un certain point ;
de s'attacher à la langue, ce que les
ouvriers appellent *happer* , étant paîtrie
avec une quantité convenable d'eau ;
d'avoir de la ténacité & d'être fufceptible du travail du tour ; de décrépiter
fur les charbons ardens tant qu'elle eft
en maffe ; de n'être attaquable fenfible-
ment par aucun acide , & de durcir à
un feu violent, au point de donner des
étincelles par le briquet.

Le plus grand nombre des minéralo-
giftes confond les glaifes avec les argiles
pures dont nous avons fait l'énumération
dans notre mémoire. Il eft de la dernière
conféquence , pour le maitre de verrerie , de les diftinguer avec foin ; fon
erreur feroit fa ruine. La glaife eft de
couleur verdâtre ou bleuâtre, quelquefois mélée de rouge & de jaune , devient
rouge au feu du tuilier, & fe vitrifie plus

Tome I.   H

ou moins promptement au feu de verrerie. Elle doit uniquement au fer fes couleurs naturelles , fa couleur rouge artifi-
cielle , & fa facilité à fe vitrifier.

Les argiles pures, bien épluchées,
ne deviennent point rouges & ne fe vitrifient point même au feu le plus violent ;
elles y blanchiffent toutes plus ou moins,
excepté la blanche la plus pure , qui y
grifonne un peu , par la raifon que nous
indiquerons dans un moment.

La couleur des argiles grifes, brunes
& noirâtres, n'eft due qu'à un matière
graffe, plus ou moins groffière & plus
ou moins abondante. Il eft aifé de s'en
convaincre : cette couleur fe diffipe au
feu & à la diftillation ; ces argiles donnent d'autant plus promptement & en
d'autant plus grande quantité d'acide
vitriolique fulphureux, qu'elles font plus
fortement colorées.

Il y a deux efpèces d'argile blanche,
fort différentes l'une de l'autre. L'une a
confervé tout fon glutin , a beaucoup de

ténacité, prend au feu une *retraite* très-confidérable; & l'autre a perdu la plus grande partie de fon *glutin*, n'a prefque point de ténacité, & prend au feu peu de *retraite*. Celle-ci eft mélée de mica argentin & non ferrugineux, & quelque-fois d'un tiers de *detritus* de quartz. Celle-là n'eft jamais mélée ni de mica, ni de quartz écrafé. La première, en maffe, perd au feu de fa blancheur, y *grifonne*, & la feconde y devient plus blanche. Les argiles blanches de Cologne & de Boïlu font de la première efpèce, & celles de Souxillanges, de Javogue, & finguliérement celle de St. Thiriey en Limoufin, font de la feconde.

Le *glutin* de toutes les argiles eft de la même nature; une matière graffe, plus ou moins ténue, plus ou moins pure. Dans l'argile de Boïlu, quelque ténue qu'en foit la matière graffe, elle y eft fi abondante, que rapprochée, réduite en charbon par le feu, elle en

altère & doit en altérer la blancheur.
Dans celle de St. Thiriey cette matière
graſſe s'y trouve en ſi petite quantité,
& pendant l'action du feu elle a tant de
facilité à s'échapper, à raiſon du mica
& du ſable qui ſont mêlés avec cette
terre, que ſa matière charbonneuſe ſe
diſſipe entiérement ; & conſéquemment
que, loin que par la calcination cette
argile puiſſe perdre de ſa blancheur, elle
en acquiert & doit en acquérir.

L'argile blanche du Bordet, près
St. Germain, Lambrou en Auvergne,
eſt une preuve frappante de ce que nous
venons d'avancer. Elle eſt d'une blancheur éclatante, très-fine, ſans mélange
ni de mica, ni de ſable, & ſans *glutin*.
Si, délayée avec de l'eau, on l'expoſe
au feu, loin de s'y durcir elle y tombe
en pouſſière & n'y perd point de ſa
blancheur. Elle eſt le meilleur *ciment*
qu'on puiſſe employer. Je l'ai fait entrer dans la compoſition des creuſets
avec ſuccès.

L'argile, à la plus forte calcination, ne perd qu'une partie de son acide vitriolique. Voyez nos observations sur l'art de la faïencerie.

F.

C H A P. V.

Composition des Terres. Nouvelle matière à employer à la construction des Fourneaux.

LE ciment est incontestablement le meilleur intermède qu'on puisse employer dans la composition des terres ; mais on peut, pour la composition de la terre des fourneaux de fusion, lui substituer, avec sûreté & une grande économie, le sable roulé & le grès pilé, bien lavés. Je me suis servi du grès pilé avec un très-bon succès. Il s'en faut bien que le sable de quartz, qui n'a pas été roulé, qui a conservé ses angles, m'ait également réussi. Les fourneaux, dans la com-

pofition defquels ce fable quartzeux
étoit entré, ont conftamment fléchi à
la dernière violence du feu, aux parties
les plus expofées, comme le deffus des
tonnelles, le haut de la couronne, &c.

Ce phénomène me paroît trop fingulier & trop intéreffant, pour ne pas
chercher à en découvrir la caufe. Je
trouvai que *les grains de quartz*, quoiqu'enveloppés de terre argileufe,
avoient perdu leurs angles, s'étoient
arrondis, & que les grains qui étoient
en contact entr'eux, étoient collés enfemble, s'étoient aglutinés ; ce commencement de fufion, cet effacement des
angles avoit diminué le volume des
grains quartzeux, avoit occafionné une
retraite confidérable ; avoit néceffairement dérangé le centre de gravité des
portions de fourneau dont nous avons
parlé.

Ce changement arrivé aux grains de
fable quartzeux, me paroît prouver que
le quartz a plus de fufibilité que le grès

pilé & le fable roulé, & par conféquent qu'il feroit dangereux de fubftituer, dans la compofition des terres, le premier aux derniers.

Dans les endroits où le quartz eft commun ; dans les pays d'ancienne création, comme l'Auvergne, le Limoufin, &c. tous les fables font quartzeux. Il importe donc de ne pas les faire entrer dans la compofition des terres de fourneau de fufion.

Il y a un moyen fimple de s'affurer fi un fable peut être fubftitué fans danger au ciment, c'eft de l'expofer pendant vingt-quatre heures à toute la violence du feu de verrerie d'un fourneau à l'Allemande ou d'un fourneau à bouteilles. Si, après cette épreuve, les angles n'en font pas effacés, les grains ne font pas aglutinés l'un à l'autre, il peut fuppléer le ciment.

Il ne faut pas diffimuler que les fourneaux de fufion, compofés d'argile fraîche & d'argile cuite, font très-coû-

teux, fur-tout pour les maîtres de verrerie qui font obligés de tirer de loin
cette terre. Ces fourneaux demandent
une main-d'œuvre confidérable, exigent
des attentions minutieufes & en grand
nombre. Si l'on manque de quelques-
unes de ces attentions, on court des
rifques plus ou moins grands, même
plus ou moins effrayants.

N'y auroit-il pas un moyen de conftruire des fourneaux de verrerie à meilleur marché? Seroit-il impoffible de trouver une matière moins chère que l'argile pure, qui demandât moins de main-
d'œuvre, qui exigeât moins d'attention,
qui eût moins d'inconvéniens, expofât
à moins de dangers, qui affurât une
plus grande folidité & une plus longue
durée?

Les fcories des fourneaux de forge,
le laitier, qui jufqu'à préfent n'ont été
en France d'aucune utilité, nous offrent
cette matière qui réunit de fi grands &
de fi précieux avantages.

Mais conftruire en pièces de verre, dira-
t-on, un fourneau deftiné à fondre & à fabriquer du verre ? cette conftruction doit
paroître incroyable à un grand nombre
de perfonnes ; elle n'en eft pas moins
poffible , & même auffi facile que folide.
Il eft aifé de faire couler le laitier du
fourneau dans un moule de fer qui s'ouvre , qui foit placé fur une plaque de
fonte bien unie , & qui ait une forme
convenable ; de laiffer refroidir la bri-
que de verre par degrés infenfibles, à un
coin du devant du fourneau, pour qu'elle
refte entière ; de conftruire un fourneau
fur ceintre avec ces briques ; d'en remplir les joints avec un coulis de ce même
laitier pilé & tamifé très-fin ; de cou-
vrir toute la couronne du fourneau de
deux ou trois pouces d'argile commune,
paîtrie à la confiftance néceffaire pour
être moulée en briques ; dans cet état,
de tenir fimplement rouge-cerife l'intérieur du fourneau pendant dix jours , &
enfuite de lui faire fubir , fans aucune

crainte, le feu le plus violent. A cette époque, la matière du fourneau n'eſt plus du verre ; les briques & le coulis ſe ſont aglutinés, ne forment plus qu'un corps ; le laitier s'eſt converti en porcelaine de verre, la plus réfractaire, la plus capable que je connoiſſe de réſiſter à l'action du feu le plus violent & le plus long-temps continué.

Cette ſingulière & utile métamorphoſe eſt uniquement due à la propriété que poſſéde le laitier, de ſe convertir ſans *ciment*, en porcelaine de verre, à un feu modéré. Tout verre groſſier, comme le verre noir à bouteilles, a la même propriété. Il eſt facile de s'en convaincre, même à un feu de cuiſine. Si nous avons conſeillé de recouvrir d'argile à briques la couronne, c'eſt pour que cette partie extérieure du fourneau pût être rougie & convertie en porcelaine.

Pour diſſiper tout doute, pour raſſurer les eſprits timides & peu éclairés ;

j'ajouterai qu'en Suede on conſtruit tout le haut de la chemiſe, au-deſſus de la tuyere des fourneaux de forge, en briques de laitier; qu'on ſe trouve très-bien de cet uſage, & qu'on pourroit employer avec un égal avantage ces briques à toute la chemiſe dé ces four-neaux.

G.

CHAP. VI.

Inconvéniens du gros Ciment.

UN directeur de la manufacture des glaces de St. Gobin ayant ſuivi aveuglément le conſeil de M. Pott, cauſa des pertes très-conſidérables aux intéreſſés. Les fourneaux conſtruits & les creuſets fabriqués avec une compoſition où n'étoit entré que du gros ciment, ſe dégraderent beaucoup plus promptement, furent d'un beaucoup moins bon uſage, d'une plus courte durée, & les *larmes*, les filandres & les *gravois* infectèrent beaucoup plus le verre. Dans une grande manufacture il en coûte toujours beaucoup pour reprendre le fil du bon travail, pour revenir à la bonne fabrication. Saint-Gobin en fit la triste expérience. Il n'eft rien de plus malheureux, pour une ufine, que de n'avoir pour guide que l'aveugle routine.

H.

Chap. VII.

Mauvais effets des larmes des Fourneaux.

Il eft important d'éviter les larmes; même pour le verre le plus commun, le verre à vitres ordinaire & le verre à bouteilles; elles font la fource des *cordes*, des *filandres* les plus défagréables; & leur verre, toujours plus groffier que celui des vitres & des bouteilles, n'ayant pas le même degré de dilatabilité, il eft rare qu'elles ne caufent la caffe des mar-

chandifes à la recuiffon , ou dans le magafin.

I.

C H A P. V I I I.

Fourneaux Anglois à charbon.

EN Angleterre, les fourneaux à charbon pour les pâtes de luftre, le criftal &
le verre fin blanc font, à peu de chofe près,
de la forme de nos anciens fourneaux à
la françoife, mais beaucoup plus folidement conftruits. Le foyer fur grille eft
au centre du fourneau, il m'a paru avoir
deux pieds en quarré. Le charbon y eft
pouffé d'une ouverture pratiquée entre
deux creufets au niveau du fol du fourneau, fur lequel les creufets font placés.
Cette ouverture n'eft jamais fermée qu'a-
vec le charbon même.

La fumée & les cendrées de charbon
ne fauroient altérer la couleur du verre.
La flamme n'agit pas immédiatement
fur la matière en fufion. C'eft annoncer

que les creusets sont couverts du côté du
feu ; qu'ils ne sont ouverts que du côté
des ouvreaux , & de la grandeur des ouvreaux. Ces fourneaux anglois chauffent vivement & me paroissent écono-
miques. Les ouvertures par lesquelles
la flamme s'échappe au-dessus de la couronne , sont pratiquées sur l'entre-deux
des creusets.

L.

CHAP. IX.

*Des Creusets. Forme des Creusets à
l'Angloise.*

SUR les attentions que la fabrication
des creusets demande , on peut voir
notre mémoire sur les petits creusets
d'Auvergne perfectionnés.

A l'égard des creusets à l'angloise , il
est indispensablement nécessaire que la
chappe soit à plein cintre. Si peu qu'elle
fût surbaissée , elle fléchiroit & gêneroit
l'affinage & le travail. A la hauteur or-

dinaire des creuſets, on conſerve, à ceux à l'angloiſe, une ouverture plus grande que celle de l'ouvreau pendant le travail. En rétabliſſant l'intérieur de l'arcade qu'on a démoli pour placer le creuſet dans le fourneau, avec de la terre de la compoſition à creuſet, on rapétiſſe à volonté l'ouverture, & on prévient l'entrée de la flamme dans le creuſet. Les bords de l'ouverture du creuſet ſont attachés & confondus avec la partie intérieure de l'arcade.

On ſent que la chape des creuſets ne peut être faite qu'à la main.

M.

CHAP. X.

Fuſibilité des différentes eſpèces de Sable. Conjectures ſur la nature & l'origine du Quartz.

LORSQUE j'écrivois que toutes les terres pures du genre du caillou, étoient également fufibles, je ne connoiffois pas affez particuliérement le quartz laiteux, demi-tranfparent. Je n'avois pas encore eu occafion de l'employer en grand, vrai moyen de connoître les fubftances minérales & d'éviter les méprifes dans les arts utiles.

Le quartz en maffe, fimplement expofé, pendant vingt-quatre heures, à l'extérieur des *lunettes* des ouvertures qui donnent le feu aux arches des fourneaux de fufion, fe vitrifie à toute fa furface, fe couvre d'une pellicule de verre. La vitrification eft plus prompte & plus profonde, fi l'on met un morceau de quartz dans le fourneau entre deux creufets. Dans les compofitions de verre, on fait entrer & on doit faire entrer un vingtième de plus de quartz que de tout autre fable.

Au Cleuzel, près Langeac en Auvergne, on trouve des blocs confidérables de quartz, dont une partie eft laiteufe & l'autre tranfparente. Ce dernier quartz eſt auſſi tranſparent & auſſi blanc que le criſtal de roche en maſſe de Madagaſcar. Il y en a auſſi de différentes couleurs ; mais les couleurs n'en ſont pas bien franches. J'y en ai trouvé de l'enfumé, & j'ai remarqué, dans toutes les eſpèces, des filets de ſchorl noir.

Ce quartz tranſparent m'a paru un peu moins fuſible que le laiteux, & beaucoup plus fuſible que le criſtal de roche en aiguilles, ce qui ſemble établir une différence entre ces deux eſpèces de criſtal de roche.

Je n'ai pas eu la facilité d'eſſayer en grand le criſtal en maſſe de Madagaſcar, mais j'ai tout lieu de croire qu'il eſt auſſi fuſible que celui du Cleuzel.

Le quartz tranſparent eſt-il l'ouvrage du feu ? Ce problême eſt d'autant plus difficile à réſoudre, que le plus grand écrivain de notre ſiècle paroît avoir pris l'affirmative : ainſi, pour ne pas manquer au reſpect que nous devons à une autorité auſſi importante, nous nous bornerons à propofer quelques doutes.

Si ce criftal en maffe étoit le produit
du feu, comment concevoir qu'une partie du bloc où il fe trouve, fût reftée
laiteufe, quoiqu'expofée au même degré
de feu ? Il n'eft pas moins difficile d'imaginer la poffibilité que du fchorl noir,
très-fufible par lui-même, fe trouvât
régulièrement arrangé dans du quartz
tranfparent, beaucoup moins fufible &
d'une denfité très-différente. D'ailleurs,
lorfqu'on fait entrer du fchorl dans une
compofition de verre, il donne fimplement de la fluidité & de la couleur à la
matière. Après un refroidiffement très-
lent dans le creufet, on n'en voit aucun
veftige.

M. Achard a démontré, par une expérience décifive, & qui a été répétée par
M. Magellan, que la criftallifation du
criftal de roche étoit due à l'air fixe, à
l'acide aérien ; & le célèbre M. Bergman
a fait des criftaux de roche avec la terre
des cailloux & l'acide du fpath phofphorique.

Il est possible , par la simple calcination sans mélange d'autres matières ,
d'amener le quartz pulvérisé au même
degré de fusibilité , que celui des autres
sables ; mais ce même moyen enlève
également à ces derniers une partie de
celle qu'ils ont. La même chose arrive
au verre le plus fin & le plus tendre.
On verra ci-après l'usage que nous ferons
de cette observation.

M. Sage , de l'académie des sciences ,
&c. regarde le quartz & toutes les
pierres du genre du caillou , comme un
tartre vitriolé naturel. Ce qu'il dit , pag.
242, 243 & 244 du premier volume des
élémens de minéralogie , pour appuyer
son sentiment, ne me paroît pas con-
vaincant. Il n'y a certainement que les
compositions où l'on a fait entrer de la
potasse *rouge-maigre* , ou du sel alkali
fixe minéral mal purifié, des matières
chargées de principe colorant, qui se
fondent avec une *effervescence considérable*, qui *se boursoufflent.*

On ne remarque rien de femblable pendant le ramolliſſement & la fuſion des compoſitions faites avec du ſable bien pur & du ſel alkali fixe minéral ou artificiel, purifiés avec le plus grand ſoin par la diſſolution & la calcination.

Je n'ai jamais vu de ſel de verre ſur le verre en fuſion, que lorſqu'on avoit fait entrer dans la compoſition, de la potaſſe *graſſe*, de la ſoude ou du ſel de ſoude chargés de ſel de Glauber & de ſel marin. Il n'y a point de potaſſe, j'oſe l'aſſurer, qui ne ſoit mélée d'une plus ou moins grande quantité de tartre vitriolé. J'en ai employé, dans laquelle ce ſel neutre étoit à la proportion de près d'un tiers ; & nous verrons dans la ſuite qu'il eſt poſſible que tout le ſel alkali fixe des cendres ordinaires ſe convertiſſe en tartre vitriolé, quoiqu'on n'ait pas même employé, pour ſon extraction, de l'eau chargée de ſélénite. Dans pluſieurs occaſions, ce ſel neutre étant contraire à mes vues, je l'ai ex trait en abondance de la potaffe, par un moyen fort fimple. Ayant fait diffoudre la potaffe dans la moindre quantité poffible d'eau chaude, je verfois la diffolution fur une couverture de laine pliée en quatre ; l'alkali fixe paffoit avec l'eau, & la plus grande partie du tartre vitriolé reftoit fur ce philtre groffier. On pourroit, par ce moyen, fe procurer des milliers de tartre vitriolé très-pur, fi l'on avoit fous la main fuffifamment de potaffe *graffe*.

Il n'eft pas moins certain qu'il n'y a point de foude ou de fel de foude qui ne contienne plus ou moins de fel admirable de Glauber & de fel marin. Tous les chimiftes peuvent facilement s'en affurer par l'expérience.

Ainfi, l'origine que M. Sage donne au fel de verre, me paroît plus qu'incertaine ; les obfervations ci-deffus le prouvent. On ne conçoit pas d'ailleurs la raifon pour laquelle, pendant la fufion des matières, l'acide du tartre vitriolé natu-

rel abandonneroit fa bafe pour fe joindre à un autre alkali fixe de la même
nature. Convenons que la compofition
du quartz ne nous eft pas encore parfaitement connue. Perfonne ne me paroît
plus en état que M. Sage, de faire, avec
fuccès, les recherches que ce fujet mérite.

Les belles découvertes de MM. Achard
& Bergman femblent établir que le quartz
eft compofé d'une terre analogue à celle
de l'alun & de l'acide aérien.

N.

Chap. XI.

*Fauffes idées des Auteurs fur le choix
des Fondans.*

Les contradictions fur le choix des
fondans, font une preuve évidente
que les auteurs que nous avons cités
dans notre mémoire, n'avoient qu'une
connoiffance très - fuperficielle de l'art

de la verrerie ; qu'ils en avoient on ne peut pas plus mal suivi les opérations, observé les phénomènes. Il est clair que ces auteurs & les maîtres de verreries ne se sont décidés en faveur d'un fondant, plutôt que pour un autre, que par des raisons étrangères à la nature de ces sels & à l'art de la verrerie.

Agricola n'a fait du nitre son fondant favori , que parce que de son temps ce sel étoit le plus connu & le moins cher. Merret ne l'a rejeté , pour donner la préférence à la *roquette* , que parce que la purification du salpêtre , sur-tout la manière d'en extraire le sel marin, étoit peu connue , & que le commerce des Européens avec le Levant , avoit rendu la poudre de Syrie commune. La fabrication de la potasse a commencé en Allemagne. Il n'est pas étonnant que Kunckel & Henckel en aient fait leur fondant de prédilection. Je ne sache pas que la soude soit en usage dans les verreries de la Saxe. Il m'est conséquemment impoſſible de deviner la raiſon qui a déterminé le ſavant M. Gellert à en faire ſon fondant excluſif. Aucune de ces déciſions, quelque reſpeƈable que ſoit le nom de leurs auteurs, ne porte, j'oſe l'aſſurer, ſur un fondement ſolide.

O.

CHAP. XII.

Potaſſe rouge, blanche, maigre, graſſe. Sophiſtication de la Potaſſe. Moyens de la découvrir.

LA potaſſe rouge eſt le ſel alkali fixe extrait par lexiviation & évaporation des cendres de tous les végétaux, excepté les plantes maritimes. Elle eſt très-chargée de principe colorant jaunâtre.

La potaſſe blanche n'eſt autre choſe que la rouge calcinée, dégagée à un feu de réverbère, de ſa couleur jaune, de ſon principe colorant jaunâtre, & de la plus grande partie de ſon acide aérien. Il

Il fe fait une grande quantité de potaffe en Alface , en Lorraine & aux
Ardennes. Cette fabrication commence
même à s'étendre dans les autres provinces. Dans les chef-lieux il y a ordinairement quelqu'un qui l'achete livre
à livre des payfans & des bûcherons. La
cupidité a introduit un grand nombre de
fraudes dans cette branche de commerce.

Il eft important de faire connoitre
les principales. Une des plus dangereufes
pour les verreries en *fin* , eft de mêler
du fel marin avec le fel alkali fixe , ou
de vendre pour potaffe le fel extrait des
cendres faites fous les chaudières des falines de fource. Il y a trois moyens également
ment fûrs pour découvrir cette fraude.
Cette potaffe fond aifément au feu de calcination, n'y prend qu'une couleur bleue
très-pâle , & ne fait du verre qu'à proportion du fel alkali fixe dont elle eft chargée. J'en ai reçu où il y avoit plus de
moitié de fel marin tiré de la faline de
Dieufe. Cet objet me paroît mériter

l'attention du miniſtère. En corrigeant cet abus, il rendroit un ſervice important à l'art de la verrerie.

Cette potaſſe, chargée d'une très-grande quantité de ſel marin, peut être très-utile aux verreries à bouteilles & à vitres communes, uniquement pour diſ-poſer les matières à la vitrification, & enlever au verre le principe colorant groſſier trop abondant ; mais il eſt de la juſtice & de la bonne-foi de ne la vendre que pour ce qu'elle eſt, de ne pas la vendre pour de la bonne potaſſe.

On s'eſt apperçu que les cendres vieil-les fourniſſoient une plus grande quantité de ſel que les nouvelles, & c'eſt un fait certain. En conſéquence, on les laiſſe long-temps à *germer* humectées, expo-ſées au grand air à l'abri de la pluie, ou on les garde dans des endroits légèrement humides, où l'air extérieur a un libre accès. Ces cendres donnent plus de ſel, par la raiſon qu'une partie ſouvent con-ſidérable de ſel alkali fixe, ſe convertit en tartre vitriolé. On peut voir fur cela mes mémoires fur la caufe des bulles & des graiffes du verre , & fur la fabrication & le commerce de la potaffe.

Il y a des fabricans de potaffe qui mêlent à ce fel alkali fixe de la fuie , ce qui donne au verre une coûleur jaune très-opiniâtre. D'autres , & c'eft le plus grand nombre , ne laiffent point clarifier leur leffive. Il en réfulte que la potaffe eft plus foible , eft chargée d'une plus ou moins grande quantité de terre , & elle eft très-difficile à purifier , par la calcination , du principe colorant groffier , fur-tout lorfque la leffive eft faite, en tout ou en partie , avec les cendres de bois de chêne. Voyez mon mémoire fur la fabrication & le commerce de la potaffe.

On diftingue la potaffe *rouge* & la potaffe blanche , en potaffe *maigre* & en potaffe *graffe*. Elles font ainfi appellées , parce que la dernière rend ordinairement le verre *gras , nébuleux , laiteux.*

La première contient très-peu, ou point
de tartre vitriolé, fait bouillonner, gonfler & même *siffler* le verre dans les
creufets, le rend très-difficile à dépurer
du principe colorant jaune. La potaffe
graffe eft chargée d'une d'autant plus
grande quantité de tartre vitriolé, qu'elle
provient des cendres *germées* pendant
plus long-temps. A la *fonte* elle donne
beaucoup de fel de verre très-blanc ; &
une partie de ce fel neutre ne trouvant
pas dans la compofition une affez grande
quantité de matière graffe, de principe
colorant pour en être rendue volatile,
refte en vapeur plus ou moins denfe dans
le verre, & l'infecte de *graiffe*, de *nuages*, de *laiteux*. Il eft beaucoup plus rare
de voir gras le verre fait avec l'alkali
minéral de la foude, que celui qui eft
fait avec la potaffe, parce que le fel admirable de Glauber & le fel marin
trouvant néceffairement une plus grande
quantité de principe colorant dans l'alkali minéral, que le tartre vitriolé n'en

trouve dans l'alkali artificiel, font beaucoup plus volatils. Voyez mes obfervations fur l'art de la faïencerie.

Pour éviter les inconvéniens de la potaffe *maigre* & de la potaffe *graffe*, &
pour avoir une fabrication également
bonne, il eft très-utile de mêler exactement, dans une vafte caiffe, une
grande quantité de potaffe d'une feule
efpèce, *rouge* ou blanche ; c'eft le plus
fûr moyen de prévenir les pernicieux effets de la potaffe *maigre* & de la potaffe
graffe. Il eft aifé de fentir que par-là on
corrige le trop *gras* par le trop *maigre*,
& le trop *maigre* par le trop *gras* ; qu'on
rend le fondant à employer pendant
long-temps, d'une égale qualité. Il eft
important, auffi-tôt qu'on a tiré de
cette caiffe, chaque jour, l'alkali fixe
néceffaire, de la fermer avec foin pour
mettre l'approvifionnement à couvert de
la pouffière & de l'humidité de l'air.

P.

CHAP. XIII.

Calcination de la Potasse rouge. Nature du bleu de la Potasse blanche. La Potasse se décompose par la dissolution & par la calcination. Nouvelle théorie du bleu de Prusse.

TOUTES les potasses *rouges* ne sont pas également faciles à être converties en belle potasse blanche. Celles dont la lessive n'a pas été clarifiée avec soin, sont les plus opiniâtres. Le principe colorant grossier a une plus forte adhérence à la terre qui est restée dans ces potasses, qu'au sel alkali fixe. Vient ensuite la potasse rouge extraite des cendres nouvelles, & enfin la potasse tirée des cendres de chêne. La potasse *rouge* des cendres de hêtre & des arbres fruitiers, toutes choses égales d'ailleurs, est celle qui se convertit le plus aisément en belle potasse blanche.

Si l'on prétendoit que la teinte bleue
que prend la potaſſe à la calcination, eſt
due au fer changé en bleu de Pruſſe, je
ne pourrois être de cet avis. 1°. Parce
qu'il n'eſt point de bleu de Pruſſe qui pût
réſiſter à la calcination, & que plus le
feu eſt violent, & plus le bleu de la potaſſe ſe fonce, acquiert d'intenſité. 2°.
Parce que les acides qui avivent le bleu
de Pruſſe, font diſparoître celui de la
potaſſe. 3°. Parce que le bleu de la potaſſe ſe conſerve dans la vitrification, &
que le bleu de Pruſſe y prend la couleur
jaune, qui eſt conſtamment celle du fer
vitrifié.

Lorſque la potaſſe eſt très-ſèche, &
qu'elle a perdu à l'action de la flamme le
plus poſſible de ſon principe colorant
jaune, un coup de feu ſuffit pour en développer la couleur bleue. Si l'on donne
ce coup de feu avant que le principe colorant jaune ſoit entièrement diſſipé, la
couleur de la potaſſe eſt plus ou moins
verte, parce que le bleu s'eſt combiné

avec le jaune. Ainfi la potaffe eft d'autant plus pure & plus parfaite, qu'elle
eft d'un plus beau bleu.

Mais la potaffe perd conftamment de
fa couleur bleue à proportion de la durée de la calcination ; il eft même poffible de l'amener au blanc à pointe bleue.
Quelle peut être la raifon de ce phénomène ? Après l'avoir cherchée pendant
long-temps, je crois l'avoir découverte.

C'eft que l'alkali fixe fe décompofe par
la voie fèche comme par la voie humide;
que la partie conftituante qu'il perd par
l'une & l'autre, intimement unie avec le
principe colorant bleu, l'emporte avec
elle. Il eft impoffible de développer aucun veftige de bleu dans la terre qui fe
précipite de toutes les diffolutions d'alkali fixe, ou qui refte après une longue
calcination.

L'alkali fixe, par cette décompofition,
n'a pas feulement perdu fon principe colorant bleu, il a auffi perdu fa propriété
fondante & vitrifiante. La partie confti-

tuante qui a emporté avec elle le principe colorant bleu , eft donc le principe
fondant & vitrifiant de l'alkali fixe. Il
ne me paroît pas qu'on puiffe en douter.
A quelque dofe qu'on mêle cette terre
précipitée & bien lavée , d'une diffolution de l'alkali fixe avec la terre du
genre des cailloux , on n'obtient point
de vitrification.

Pour qu'une compofition ait un degré convenable de fufibilité , il faut y
mettre une plus grande proportion de
potaffe blanche , qu'il ne faudroit y mettre de potaffe rouge. Les maîtres de verrerie font fouvent cette augmentation
fans s'en appercevoir. Ils mettent dans
les compofitions autant de livres de potaffe blanche qu'ils y en feroient entrer
de la rouge pour obtenir une bonne fufion , quoique la potaffe blanche foit
toujours plus fèche, moins chargée d'eau
que la potaffe rouge.

Il me femble que ce que nous venons
de dire répand une grande lumière fur
I v

la nature & la formation du bleu de
Pruſſe, par la calcination d'une partie d'alkali fixe avec deux parties de ſang de
bœuf deſſéché ; le premier , ſe ſurcharge
de la partie conſtituante qu'il perd à
feu nud & par les diſſolutions, & conſéquemment du principe colorant bleu ,
qui eſt toujours très-étroitement uni à
cette partie conſtituante. Lorſqu'on verſe
de la diſſolution de cet alkali fixe , dans
une diſſolution de vitriol verd , il ſe fait
évidemment deux principales décompo-
ſitions & deux nouvelles compoſitions.
L'acide vitriolique ayant plus d'affinité
avec l'alkali fixe ordinaire , qu'il n'en a
avec le fer, abandonne celui-ci en état
de chaux , emporte avec lui ſon phlogiſtique pour ſe combiner avec celui-là ; la
partie conſtituante en excès de l'alkali
fixe ayant plus d'affinité avec la terre martiale qu'avec le nouveau compoſé , le
tartre vitriolé abandonne ce dernier pour
ſe joindre à la première , & former avec
elle le bleu de Pruſſe.

De cette théorie, que je crois la seule vraie, on peut conclure ;

1°. Que le bleu de Prusse doit être décomposé par l'alkali fixe ordinaire, puisqu'il doit sa couleur à une des parties constituantes de l'alkali fixe. C'est en effet ce qui arrive. Toutes les fois qu'on met en digestion du bleu de Prusse, dans une dissolution d'alkali fixe ordinaire, il se précipite de l'ocre.

2°. Que la beauté du bleu de Prusse dépend uniquement de la pureté du vitriol martial, & de ce que l'alkali dont on s'est servi étoit le plus pur & le plus furchargé qu'il soit possible, de la partie constituante, que l'alkali fixe perd à feu nud & par les dissolutions. Si le vitriol de mars est mélé avec des vitriols de cuivre & de zinc, les chaux de ces deux substances n'ayant point d'affinité connue avec la partie constituante que peut perdre l'alkali, altéreront nécessairement la beauté du bleu de Prusse. Il ne verdira guère moins par l'ocre jaune qui s'y mê-

lera fi l'alkali n'abandonne pas à la terre,
du fer autant de fa partie conftituante
en excès , qu'il reçoit lui-même d'acide
vitriolique , ou fi toute la chaux martiale précipitée du vitriol ne peut pas être
colorée en bleu. Il n'eft affurément pas
facile de trouver du vitriol verd qui ,
au moins, ne foit mêlé avec du vitriol
de zinc, peut-être même n'en a-t-il jamais exifté. Les bons chymiftes convien-
dront fans peine qu'il n'eft rien moins
qu'aifé de féparer ces deux fels.

3°. Que les acides n'avivent le bleu
de Pruffe que parce qu'ils fe chargent
d'une partie des matières hétérogènes
qui en altèrent la couleur.

4°. Que c'eft fans aucun fondement
que quelques chymiftes on fait du fer un
principe colorant univerfel; qu'ils lui ont
attribué les couleurs fimples & compofées
de prefque toutes les fubftances, même
des fleurs. .

Dans le bleu de Pruffe, la chaux martiale n'eft évidemment que la bafe fecon-

daire du principe colorant bleu. Il me
paroît que le fer joue dans tous les cas
le même rôle avec différents degrés d'affinité. A la calcination , & expofé aux
émanations de l'urine & des matières
ftercorales en décompofition , le fer fe
réduit en chaux, & cette chaux devient
rouge ; à l'air, & par la vitrification, elle
prend une couleur jaune. Ainfi la terre
du fer peut être, & elle eft réellement,
dans certaines circonftances , la bafe fecondaire du principe colorant rouge &
jaune , comme elle l'eft du bleu dans le
bleu de Pruffe ; mais elle a moins d'affinité avec le principe fecondaire bleu ,
qu'avec le principe fecondaire rouge, &
moins avec le rouge qu'avec le jaune ;
puifque le bleu fe diffipe à la calcination,
& le rouge à la vitrification. Le jaune du
verre des chaux martiales difparoît lui-
même à la cémentation. Il en eft de même
de la couleur des verres des autres métaux, excepté la couleur pourpre de l'or.
Ainfi le principe colorant pourpre de l'or
eft le plus fixe de tous.

5°. Que l'alkali fixe peut se surcharger de la partie constituante qu'il perd à feu nud & dans les simples dissolutions ; qu'il peut, dis-je, s'en surcharger par la voie humide, étant en digestion sur une matière qui en contient, & par la voie sèche, lorsque exactement mêlé avec certaines matières, il est assez long-temps exposé à une action convenable du feu. La formation du bleu de Prusse prouve que les chaux métalliques ont le même pouvoir, mais à un moindre degré. Ne seroit-ce pas, par cette propriété, que l'alkali fixe, les chaux métalliques & les terres alkalines sont les fondans des autres terres infusibles par elles-mêmes ? L'argile pure, & la terre pure du genre des cailloux, séparément ou ensemble, n'entrent point en fusion au feu le plus violent. Si l'on y mêle de l'alkali fixe, ou des chaux métalliques, ou des terres alkalines, à une proportion convenable, on en obtient facilement la vitrification.

6°. Que les dénominations *d'alkali*

favonneux, *d'alkali phlogiftiqué* & *de fel animal*, introduites dans la chymie à l'occafion du bleu de Pruffe, prouvent qu'on n'avoit pas une jufte idée de cette découverte. Il me paroîtroit plus fimple & plus conforme à la juftice, de donner à l'alkali furchargé de la partie conftituante, qu'il perd à feu nud & par les diffolutions, comme l'a fait M. de Morveau, le nom d'alkali Pruffien. Ce feroit un nouveau moyen de marquer notre reconnoiffance aux auteurs de cette précieufe préparation.

Des écrivains d'une très - grande réputation, penfent que l'alkali fixe ne fert, dans les compofitions, qu'à extraire le verre qui eft tout formé dans le fable. Cette affertion ne me paroit pas foutenable ; dix mille expériences au-moins m'ont convaincu que les fels alkalis fixes n'étoient pas moins une partie conftituante du verre, que le caillou, le quartz, &c. Toutes les fois que j'ai fait *enfourner* deux cents livres de fable &

cent livres de potaſſe , ou de ſel de ſoude , j'ai eu environ deux cents-cinquante
livres de verre , plus ou moins , ſuivant
que le ſel étoit plus ou moins pur , &
plus ou moins ſec.

Q.

CHAP. XIV.

De la Manganèſe. Conjectures ſur ſa Nature & ſur ſa partie Teignante.

IL eſt d'uſage , & conforme à la raiſon , de donner à un minéral le nom de
la matière qui y domine , ou du métal
le plus précieux qu'il tient. Contre l'aver-
tiſſement de M. Pott , que le fer ne ſe
trouve dans la manganèſe qu'accidentellement , les minéralogiſtes continuent à
s'écarter de cette règle , en mettant la
manganèſe au nombre des mines de fer.
Il ſeroit beaucoup plus tolérable de la
regarder comme une mine de cobalt ,
puiſqu'il n'y a point de manganèſe qui

n'en contienne, & quelquefois en grande quantité, comme celle de *Sivrac* en Rouergue, & qu'il y en a où l'on ne peut découvrir aucun veftige de fer.

M. Sage paroît avoir porté l'examen de la manganèfe beaucoup plus loin que M. Pott. Il eft le premier qui en ait tiré, par la diftillation avec l'acide vitriolique, *des criftaux de vitriol de zinc,* & obtenu ce demi-*métal de la décompofition de ces criftaux par l'alkali fixe;* & de la diftillation *du précipité avec la pouffière de charbon.* Voyez vol. II, pag. 134 de fes élém. de minéral.

Il eft fans doute fâcheux que M. Sage n'ait pas porté fa découverte jufqu'à la plus complette démonftration ; qu'il n'ait pas converti le cuivre en laiton avec le précipité où le zinc qu'il a obtenu de la manganèfe.

Ce feroit beaucoup de favoir que le zinc domine dans la manganèfe, qu'elle eft une mine de zinc ; mais nous n'en ferions pas plus inftruits fur la nature de

la couleur rouge que donne conſtamment au verre blanc fin la manganèſe.
Pour attribuer avec fondement ce principe colorant à la portion de zinc qui
s'y trouve, il me paroîtroit néceſſaire
que le zinc teignît également en rouge
le verre auquel il eſt mêlé. Dans quelques
proportions, & de quelque manière que
j'aie fait ce mélange du zinc, ou de ſa
chaux avec le verre en fuſion, ou avec
la compoſition du verre, je n'ai pu obtenir la couleur rouge.

M. de Gahn, & les ſavans chymiſtes
de Dijon, d'après lui, ont obtenu de la
manganèſe un régule étoilé fort ſingulier:
ce régule n'eſt ni du fer ni du zinc, ni
aucun métal ou demi-métal connus. C'eſt
par cette raiſon que M. Bergman n'a pas
balancé à regarder la manganèſe comme
une mine d'un nouveau demi-métal.

Si l'on ſépare de la manganèſe tout le
cobalt qu'elle contient, elle ne teint
plus le verre blanc en rouge. La couleur
rouge que la manganèſe donne au

verre, n'eſt pas franche; elle eſt plus ou moins violette. D'après ces deux obſervations, ne pourroit-on pas ſoupçonner que le principe colorant de la manganèſe appartient à une portion de cobalt, modifiée d'une façon particulière par un acide très-concentré, qui paroît avoir quelques caractères de l'acide marin, mais qui eſt beaucoup plus fixe? Je me garderai bien de prononcer; nous ne ſommes pas aſſez avancés; cet objet demande & mérite de nouvelles recherches.

La manganèſe fait gonfler, bouillonner le verre en fuſion, lorſqu'elle y eſt mêlée avant d'être vitrifiée. Elle a cela de commun avec la matière graſſe de la potaſſe rouge *maigre*, & avec toutes les matières chargées de beaucoup de phlogiſtique.

Le verre demande d'autant moins de manganèſe, qu'il eſt mieux affiné & moins coloré. Celui qui eſt mal fin, plein de bulles, *gras*, *laiteux*, en exige une grande quantité, avant de prendre une teinte rouge. Le verre *laiteux* devient même bleuâtre, beaucoup plutôt que de devenir rouge. C'est que le principe colorant bleu du cobalt, a pour ainsi dire infiniment moins d'affinité avec le sel de verre, que n'en a le principe colorant rouge.

Le rouge de la manganèse est une couleur fine, elle ne se marie jamais avec le jaune foncé ; on a beau mêler de la manganèse à du verre très-jaune, & aussi bien affiné qu'il soit possible, ce verre ne devient point rouge. On observe le même phénomène dans l'art de la teinture.

La meilleure manganèse que j'aie employée, la plus pure, la plus teignante, est celle qu'on tire des montagnes noires, non loin de Sainte-Marie aux mines.

R.

C H A P.   X V.

*L'usage de calciner les caffons de Verre
est préjudiciable.*

L'USAGE de *fritter* les caffons avec la compofition, même de les faire rougir pour les éteindre dans l'eau, est nuifible pour toute efpèce de verre. Il n'en est point qui ne devienne d'autant plus difficile à entrer en fufion, qu'il est plus long-temps expofé au feu de calcination. Le verre groffier de quelques verreries à bouteilles y devient entièrement infufible par lui-même. Dans les fourneaux à *fritte*, il perd donc une partie du principe vitrifiant, comme il le perd tout dans la cémentation avec les terres calcaires. Il est conféquemment de toute néceffité qu'il entre une plus grande quantité de fondant dans les compofitions dont les caffons calcinés font partie, que dans celles où l'on a mis des caſſons non calcinés. Quelque neuve & peut-être ſingulière que paroiſſe cette obſervation, elle n'eſt ni moins fondée ni moins importante. Tous les maîtres de verrerie peuvent aiſément s'en rendre certains , & peut-être , pour qu'ils la tinſſent pour vérifiée , ſuffiroit - il de leur rappeller qu'après l'affinage ordinaire , le verre devient d'autant plus dur, plus intraitable, qu'il a été tenu plus long-temps en fuſion dans les creuſets ; que le verre à bouteilles y devient *chappeau* , y perd ſa tranſparence & ſa fluidité *;* & qu'il eſt impoſſible d'avoir , avec les caſſons ſeuls , du verre auſſi beau , auſſi tranſparent, auſſi moelleux, auſſi facile à travailler & à couper , qu'avec les compoſitions.

Il feroit imprudent de mêler les caſſons avec les compoſitions où l'on a fait entrer de la potaſſe rouge , ou de la ſoude mal *frittée*. Tout le verre feroit d'un jaune d'autant plus opiniâtre, qu'on auroit fait entrer une plus grande quantité de caſſons dans la compoſition. On peut, ſans qu'il y ait aucun inconvénient à craindre, les jeter dans les creuſets, après que le principe colorant groſſier des *fontes* ſera diſſipé, & encore mieux ſur le ſel de verre bien blanc, s'il y en a ſur le verre en fuſion.

S.

CHAP. XVI.

Des compoſitions du Verre. Effets de la terre calcaire. Converſion du Verre en Porcelaine. Phénomènes de cette converſion. Propriétés de cette Porcelaine. Liqueur des cailloux. Fauſſes explications qu'on en a données. Spath fuſible, ſubſtitué avantageuſement à la chaux dans les compoſitions.

J'AVOIS été mal ſervi ſur les compoſitions de la verrerie de l'Etembac, ou Saint-Quirin. La confiance que j'avois en la perſonne qui m'en donna les pro-

portions, ne me permit pas fans doute
de m'en appercevoir dans le temps que
je compofai mon mémoire. Il eft de mon
devoir de convenir de l'erreur & de la
corriger.

. Le tiers de chaux dans la compofition
où l'on avoit fait entrer même la potaffe
blanche la plus *graffe*, produiroit conftamment les plus mauvais effets. Cette
compofition fe met affez bien en fufion,
donne un verre blanc tranfparent, plus
folide & moins fenfible au refroidiffement, que le verre où l'on a employé
la chaux en moindre proportion. Mais
ce verre, pendant le travail à la flamme,
devient opale, laiteux, ce qu'on appelle
verre de craie. La même chofe arrive
au verre, dans la compofition duquel
on a fait entrer la poudre des os calcinés à blanc, la terre alkaline des cendres, ou le fpath fufible en même proportion. Voyez mon mémoire fur la
fauffe émeraude d'Auvergne.

Ce phénomène paroît trop fingulier

&

& trop important, pour que nous ne
devions pas tenter d'en rendre raifon;
mais il eft convenable de faire précéder
quelques-obfervations.

La chaux, quelque blanche qu'elle
foit, quelque long-temps qu'elle ait été
calcinée, tient abondamment de principe colorant jaune, qui ne fe développe
qu'à la vitrification de la terre, à laquelle
il eft intimement uni. Ce qui le prouve
inconteftablement, c'eft que toutes les
fois qu'on mêle de la chaux ou des terres
alkalines à du verre gras, au premier
inftant de fa fufion, le verre prend une
teinte de jaune, & enfuite le *fuin*,
qui rend le verre laiteux, ayant plus
d'affinité avec le principe colorant, que
n'en a ce dernier avec le verre, s'en em-
pare & fe diffipe avec lui. S'il étoit néceffaire, la métallurgie nous fourniroit une
nouvelle preuve que la chaux recèle
beaucoup de principe colorant, de phlogiftique ; puifqu'elle feule réduit à un
feu convenable les chaux métalliques.

On peut confulter fur cet objet la minéralogie de Cronfted, page 16, traduction
françoife *a*.

On fait le verre de craie avec une
beaucoup moindre proportion de chaux ;
mais auffi elle ne fait pas partie de la
compofition. Elle n'eft mêlée avec le
verre en fufion, que lorfqu'il eft prefque
affiné. Ce verre eft travaillé, reçoit les
formes qu'on defire avant que la chaux
ait pu fe vitrifier. Elle eft fimplement
très-divifée & également répandue dans
le verre, comme l'eft le fel de verre
dans le verre *gras*, & la chaux d'étain
dans l'émail blanc. Auffi ce verre de
craie eft-il plus fufible, plus fragile,

---

a La chaux que donne la démolition des fourneaux de forge conftruits avec la pierre calcaire,
& qui a été calcinée quelquefois pendant une année, eft auffi chargée de principe colorant, que
celle qui n'a fouffert qu'une calcination de trois fois
vingt-quatre heures. Cette chaux s'éteint plus diffi-
-cilement ; mais elle eft très-bonne fuivant la nature
de la pierre.

plus fenfible aux paffages trop marqués
du froid au chaud & du chaud au froid,
& fe convertit beaucoup plus difficilement en vraie porcelaine de verre , que
celui dans la compofition duquel on a
fait entrer un tiers de chaux. Mais la
différence la plus frappante qu'il y ait
entre ces deux efpèces de verre , c'eft
que, dans le dernier , toute la chaux
étoit entrée en parfaite vitrification , &
que le verre ayant été expofé à l'action
de la flamme , elle eft redevenue libre,
s'eft *dévitrifiée* , fi l'on peut fe fervir de
cette expreffion , ne fait plus une partie
intégrante du verre , mais un corps
étranger au verre. Il fuffit d'examiner ce
verre à la loupe , pour s'en convaincre.

Cette matière vitrifiée , pour redeve-
nir chaux, perd donc néceffairement le
principe vitrifiant , & elle le perd plus
facilement à l'action de la flamme , que
les autres efpèces de verre blanc , puifque celles - ci y confervent beaucoup
plus long-temps ce qui caractérife prin-

cipalement la nature du verre, leur transparence ; il n'est pas moins indispensable que ce principe vitrifiant devienne, dans certaines circonstances, volatil, & qu'il soit constamment moins fixe dans la chaux vitrifiée, que dans les autres espèces de verre blanc.

Nous avons vu ci-dessus que la terre du genre des cailloux & toute espèce de verre perdent, au feu de calcination, plus ou moins de leur fusibilité, & par conséquent de principe vitrifiant. Notre verre, au tiers de chaux, y en perd presque autant que le verre le plus grossier.

Toutes les espèces de verre, en perdant plus ou moins de leur fusibilité, de principe vitrifiant, de leur transparence, perdent plus ou moins de leur poids, comme le verre en perd en se convertissant par la cémentation en porcelaine de verre. Celui qui est le plus beau, le plus transparent, en perd le plus dans cette conversion. M. de

Reaumur & M. Pott, d'après lui, fur
la fauffe fuppofition, que la partie la plus
fubtile de la chaux s'introduifant dans
le verre, pendant la cémentation, dé-
truifoit fa tranfparence, penfoient que,
loin que le verre, par ce changement,
diminuât de poids, il en augmentoit.
Mais la conféquence n'eft pas plus fondée, que le principe duquel ils la tiroient. L'expérience me l'a prouvé un
grand nombre de fois.

On m'accordera, vraifemblablement
fans peine, que le phlogiftique eft le
principe de toute volatilité, & que le
principe fondant vitrifiant, fe trouve,
dans la flamme, dans un état de grande
volatilité.

Il ne me paroît pas difficile préfente-
ment de rendre raifon du phénomène.
Le principe vitrifiant ne peut être très-
fixe dans la chaux vitrifiée, à caufe du
phlogiftique qu'elle recèle & qu'elle conferve opiniâtrément ; mais il n'y eft pas
dans un état d'affez grande volatilité,

pour s'échapper promptement à travers la
maffe entière du verre dans le creufet.
Il n'en eft pas de même lorfque ce
verre préfente à la flamme des furfaces
très - étendues. Alors le principe vitrifiant de celle-ci communique de fa volatilité, par une infinité de points, au
principe vitrifiant de la chaux vitrifiée,
& le lui enlève d'autant plus-prompte-
ment, qu'il étoit lui-même très-difpofé
à la volatilifation.

La chaux ne doit faire que la vingt-
fixième partie des compofitions de verre
blanc, où l'on fait entrer de la potaffe ni
trop *graffe*, ni trop *maigre*, & que la
vingt-unième de celles où l'on a employé la potaffe blanche la plus *graffe*.

Je confeille aux maîtres de verrerie
qui pourront aifément fe procurer du
fpath fufible verd, vio'et, ou de toute
autre couleur, de le fubftituer à la chaux
dans les compofitions. Il y produira
d'auffi bons effets; & fufible par lui-
même, il y tiendra lieu de la moitié

de fon poids de fel alkali fixe , ou l'on pourra ajouter de plus à la compofition fon poids de fable. Cette économie eft trop précieufe pour la négliger. Voyez mon mémoire fur la fauffe émeraude d'Auvergne. La compofition la plus ordinaire pour le verre blanc d'affortiment eft de deux parties de beau fable , & d'une partie de potaffe rouge ou blanche. Le quartz , comme nous l'avons vu ci-deffus , demande un peu moins de fel alkali fixe. On ajoute de la chaux à proportion que la potaffe eft plus ou moins *graffe*. Il eft indifpenfable de mêler la manganèfe au verre , lorfqu'on a fait la compofition avec de la potaffe rouge. Il eft beaucoup moins dangereux de charger d'un peu trop d'alkali , une compofition , que d'y en mettre trop peu. Le feu corrige l'un & ne peut corriger l'autre.

Un grand nombre de chymiftes ont écrit fur la liqueur des cailloux faite avec une partie de caillou & trois ou quatre parties de fel alkali fixe : plufieurs ont remarqué que pendant l'opération la terre quartzeufe étoit devenue alkaline ; [a] mais aucun n'a dit, ce qui eft pourtant très-vrai, que cette compofition avec excès de fel alkali fixe à un feu violent & long – temps continué, produifoit un verre auffi beau que folide, & auffi inattaquable par les acides, que le verre ordinaire le plus parfait.

Ce phénomène ne me paroît pas difficile à expliquer. A l'action d'un feu violent & long-temps continué, l'alkali fixe en excès, qui y eft le plus expofé, fe décompofe, perd du principe vitrifiant qui en fait une partie conftituante jufqu'à ce au moins qu'il foit vitrifié, qu'il faffe un tout homogène avec la terre du caillou. Un feu modéré de calcination fuffit même pour décompofer

---

[a] Voyez Lithol. trad. franç. part. 1 , pag. 174, M. Pott.

le fel alkali fixe. Auffi faut-il conftamment, dans les compofitions, environ
un dixième de plus de potaffe blanche
que de potaffe rouge. Eh ! par quelle
raifon le feu n'enlèveroit-il pas le principe fondant de l'alkali fixe , puifqu'il
l'enlève à la longue à toutes les terres ,
au verre même ?

Je ne vois rien d'étonnant dans le
caractère alkalin , que la terre du genre
des cailloux prend dans la compofition
de la liqueur des cailloux ; elle le doit
évidemment à l'alkali fixe , qui lui a été
mêlé avec excès. Il eft très-naturel que
la leffive de la liqueur des cailloux où
l'on a fait entrer de l'acide vitriolique ,
donne par l'évaporation du tartre vitriolé. Ce fel réfulte néceffairement de
l'acide ajouté , & de l'alkali fixe qui fe
trouve dans la liqueur des cailloux, parce qu'il n'a pas éprouvé affez long-temps
l'action du feu pour fe vitrifier.

Il ne me paroît pas plus furprenant
que la terre précipitée de la liqueur des

cailloux ait perdu de fa fufibilité. Il eft
très-vraifemblable qu'à l'inftant de la
précipitation, le fel alkali fixe qui a une
beaucoup plus grande affinité avec le
principe vitrifiant, lui a enlevé le peu
qu'elle avoit.

N'eft-il pas tout fimple auffi que la
terre précipitée de la liqueur des cailloux ait des rapports très-marqués avec
la bafe de l'alun ? Il eft certain que
cette bafe doit fe trouver dans les cailloux, puifque les cailloux fe changent
en argile, & que toutes les argiles contiennent la terre de l'alun.

Depuis que ceci eft écrit, M M.
Achard & Magellan ont mis hors de tout
doute, que l'alun & les cailloux avoient
pour bafe la même terre.

J'ai penfé qu'il étoit de l'intérêt de
l'art & de la vérité de relever ces méprifes. Le chymifte qui les a faites, a
trop à cœur les progrès de la fcience,
& y contribue trop efficacement, pour
que j'aie à craindre qu'il s'en offenfe.

Le pouvoir qu'a la vitrification de faire, du mélange de différentes fubf-tances, un tout homogène, n'eft pas une de fes moindres merveilles. Ce pouvoir fingulier mérite de fixer quelques inf-tans notre attention.

J'ai fouvent fait des compofitions avec les quatre efpèces de terre ; la terre du genre du caillou, la terre calcaire, la terre gypfeufe & la terre argileufe, & avec toutes les chaux métalliques. Ce mélange fait avec foin & dans des pro-portions convenables, a conftamment produit, à un feu violent & long-temps continué de verrerie, un verre bien af-finé, fans bulles, folide, peu tranfpa-rent à caufe du principe colorant dont il étoit furchargé, & ordinairement noir vu en forte maffe, & jaune vu en éclats très-minces.

Si l'on mêle, à différentes reprifes, du *fuin* à ce verre en fufion, on lui en-lève le principe colorant furabondant, il eft même poffible de l'amener au verd-

d'eau & à une belle tranſparence. Il réſulte de cette expérience, que le principe colorant diminue la tranſparence
du verre. Voyez mon mémoire ſur la
nature de la matière électrique.

Ne pourroit-on pas conclure de la
couleur noire & jaune que montre ce
verre avant qu'il ait été mêlé avec le
ſel de verre, ſuivant qu'on le voit en
maſſe ou en éclats minces, que le
noir n'eſt pas une couleur particulière ;
que dans ce cas il eſt produit par la
condenſation du principe colorant jaune ? Cela me paroît d'autant plus vrai-
ſemblable, que les trois couleurs primitives, ſéparément & enſemble, donnent également le noir, lorſqu'on les
condenſe dans le verre, qu'on l'en ſurcharge.

Notre verre, compoſé des quatre
terres & des chaux métalliques, coloré ou décoloré, cémenté avec la chaux
ou le plâtre pendant long - temps à un
feu ordinaire de calcination, perd ſa

tranſparence, ſa fuſibilité, ſe change en un corps le plus réfractaire de la nature, & inattaquable par les acides, en une porcelaine blanche, ſi l'on n'a pas fait entrer du précipité de Caſſius dans la compoſition; ſi l'on y en a ajouté à une doſe un peu forte, la porcelaine de verre eſt d'une couleur pourpre-pâle.

Nous avons ici pluſieurs choſes très-ſingulières à conſidérer.

1°. Les quatre eſpèces de terre & les chaux métalliques, excepté la chaux d'or, perdent, par la vitrification & la cémentation, toutes leurs propriétés caractériſtiques.

2°. Toutes les chaux métalliques, même la chaux d'or, y deviennent complétement irréductibles.

3°. Toutes ces terres minérales & métalliques ſont réduites à une ſeule & même terre, à une terre inattaquable par tous les acides, & la plus infuſible qu'on connoiſſe. Ne ſeroit-elle pas la vraie terre primitive, la terre

élémentaire? Il eft certain qu'elle pa‑
roît très‑fimple, que l'art ne fauroit
en démontrer la compofition. La terre
avec laquelle elle femble avoir le plus
de rapport, eft celle du genre du cail‑
lou; mais elle en diffère au moins par
fon beaucoup moindre degré de fufi‑
bilité.

4°. L'indeftruétibilité du pourpre de
la chaux d'or, par la cémentation,
quoique la couleur que les autres chaux
métalliques donnent au verre, s'y détruife
entièrement. Les vafes murins fi eftimés
des anciens n'étoient‑ils pas une porce‑
laine de verre colorée en pourpre?

Ce foupçon ne me paroît pas def‑
titué de tout fondemént : à en juger
d'après les defcriptions obfcures que nous
en avons, ces vafes étoient de couleur
rouge, n'avoient ni la tranfparence,
ni la fragilité du verre, & foutenoient
beaucoup mieux les paffages marqués
du froid au chaud & du chaud au froid.
Ces propriétés paroiffent convenir par‑

faitement à notre porcelaine de verre
colorée , avec le précipité d'or par l'é-
tain. Mais je dois laiffer ces recherches
aux perfonnes plus inftruites que moi des
arts des anciens & de leurs chef-d'œuvres.

5°. Que les chaux métalliques & les
terres alkalines , comme l'alkali fixe ,
perdent plus complétement par la cémentation que par la vitrification , la
propriété qu'elles avoient de fe furchar-
ger du principe vitrifiant , par la raifon
vraifemblablement que , par cette opération , elles font réduites à leur fimplicité
primitive.

T.

C h a p. XVII.

Verre animal : quatrième efpéce de Verre.

Henckel a réduit à trois toutes les
efpèces de verre artificiel , verre végétal,
verre minéral & verre mixte. S'il avoit
pu connoître la découverte de M.

Rouelle , il en auroit ajouté une quatrième efpèce , le verre animal ; ainfi chaque règne auroit eu fon verre.

M. Rouelle , démonftrateur de chymie du jardin du roi , a été conduit à
cette importante découverte , comme
il le dit lui-même dans fes obfervations
chymiques , inférées dans le journal de
médecine d'octobre 1777, par celle qu'a-
voit fait M. Scheele , de l'acide phofphorique dans les os des animaux & dans la
corne de cerf. Cet habile chymifte a
ajouté au procédé de M. Scheele , &
l'a rendu plus intéreffant.

Pour obtenir l'acide phofphorique des
os ou de la corne de cerf , on les calcine
à blanc ; on les réduit en poudre, & on
les diffout dans l'acide nitreux ; à cette
diffolution , on ajoute de l'acide vitriolique ; on paffe la liqueur ; on la prive ,
autant qu'il eft poffible , de toute fé-
lénite qui fe trouve dans les os , ou que
l'acide vitriolique a formée avec la terre
abforbante. On opère cette féparation

au moyen du philtre fur lequel la félé-
nite refte , & à laquelle on enlève , par
plufieurs lavages avec l'eau diftillée ,
tout l'acide phofphorique qu'elle pourroit
contenir. Enfuite on fait évaporer la
liqueur au bain-marie ; on la réduit au
quart ; on met le réfidu dans une cornue de verre lutée , avec un récipient.
On diftille à feu nud & gradué , jufqu'à ce
que la cornue foit prefque totalement
rouge ; & lorfqu'il y a un intervalle de
30 ou 40 fecondes entre la chûte de chaque goutte , on ceffe la diftillation. On
trouve au fond de la cornue une maffe
vitreufe blanchâtre , dure , plus ou moins
opaque , d'une faveur acide , & qui , expofée à l'air , en attire l'humidité.

Pour en dégager l'acide phofphorique
& le mettre fous forme de verre tranfparent , on fait fondre cette maffe dans
l'eau diftillée ; on la réduit à moitié par
la diftillation au bain-marie ; on y ajoute
dix à douze parties d'efprit-de-vin , pour
lui enlever tout l'acide vitriolique & l'eau

qu'elle contient. Alors l'acide phofphorique fe précipite au fond du vaiffeau,
fous la forme d'une glu qui poiffe les
doigts. Si, dans cet état, on la met,
à plufieurs reprifes, dans un bon creufet,
à un feu modéré, on obtient un verre
folide, indiffoluble & tranfparent comme
le criftal.

Le verre réduit en poudre & mêlé
avec la pouffière de charbon, donne à la
diftillation du vrai phofphore.

M. Rouelle remarque que la corne de
cerf donne plus d'acide phofphorique que
les os & que l'ivoire, les yeux d'écre-
viffe & la nacre de perle n'en donnent
point ou prefque point.

Cette importante découverte fourniroit matière à un grand nombre de ré-
flexions fur la nature, la formation &
les maladies des os ; mais nous nous bornerons ici à celles qui intéreffent l'art de
la verrerie.

1°. Quelque étonnant que le phénomène paroiffe, cette découverte nous

donne la preuve évidente que l'acide phofphorique des os eft affez fixe pour foutenir un feu de vitrification.

2°. Il n'eft pas moins certain que cet acide fait une partie conftituante du verre animal, qu'il y eft même en furabondance, puifque ce verre pilé & mêlé avec de l a pouffière de charbon, donne du phofphore fans fe décompofer.

On peut fe convaincre qu'il n'y a pas de décompofition réelle ; que le verre n'a perdu que fa furabondance d'acide phofphorique, par une nouvelle fufion, après en avoir féparé, par la diffolution avec un acide minéral, l'alkali fixe & la terre alkaline de la pouffière de charbon. Ce fecond verre eft même, comme cela doit être, plus folide & plus brillant.

3°. Cette dernière opération prouveroit feule, que ce que M. Rouelle a donné pour du verre en eft bien réellement ; il en a toutes les propriétés, fufion pâteufe, tranfparence, indiffolubilité dans tous les acides minéraux, du-

reté, fragilité ; & M. Prouſt , apothicaire-
major diſtingué , gagnant - maîtriſe à
l'hôpital - général , l'a converti , à ma
prière , par la cémentation avec la chaux,
en porcelaine de verre.

4°. Il y a grande apparence que notre verre animal n'eſt pas uniquement
dû à l'acide phoſphorique ; que ce dernier n'en fait qu'une partie conſtituante,
eſt le fondant combiné avec quelque matière qui en fait la baſe. Cette matière
ne paroît pas être du natron , comme
M. Sage l'a cru au premier coup d'œil.
M. Prouſt qui a fait des recherches étendues ſur cet objet , m'a aſſuré n'en
avoir jamais trouvé que dans les os frais
& non calcinés. Pendant la calcination ,
les diſſolutions & le lavage qu'on fait
ſubir aux os , le natron s'eſt néceſſairement décompoſé ; nous en avons vu
ci-deſſus la raiſon : il eſt donc au moins
très-probable que l'acide phoſphorique
avoit retenu une partie de la terre ab-
ſorbante des os, ou une partie de la baſe

du natron qui avoit été décompofé.

5°. Le verre animal eft d'un verd clair. Perfonne n'ignore que cette couleur réfulte de la combinaifon du bleu avec le jaune : nous retrouvons donc encore ici le jaune que donne conftamment la terre alkaline, & le bleu que fournit, dans tous les cas, la partie conftituante que perd à feu nud & par les diffolutions, le fel alkali fixe.

Le favant Schloffer a tiré de l'urine de l'homme un acide parfaitement femblable à celui des os, & qui paroît propre à former un verre femblable à celui de M. Rouelle. Voyez l'excellent mémoire de M. Schloffer, dans le fupplément, tome 13 des obfervations phyfiques.

U.

CHAP. XVIII.

Quelques obfervations importantes & relatives à la Recuiffon.

NOUS croyons avoir donné, dans notre mémoire, les plus juftes idées de

la *recuisson* du verre. Ce que nous avons
à ajouter n'en fera qu'un développement.

Il est impossible de recuire du verre
dans le creuset où il a été fondu, ou qui
soit collé à un autre corps, sans qu'il se
gerce ou se casse. Pour qu'il se conser-
vât entier, il faudroit que sa retraite fût
exactement égale ou moins considérable
que celle du creuset ou du corps auquel
il est collé. C'est précisément le contraire;
quiconque a vu couler & refroidir des
glaces, doit s'être convaincu que de
toutes les substances, le verre étoit celle
qui diminue le plus de volume pendant
le refroidissement.

Je crois avoir observé que toutes les
espèces de verre ne prenoient pas une
égale retraite. Le plus fin, le plus homogène, m'a toujours paru en prendre
davantage ; ne seroit-ce pas parce qu'il
contient le plus de principe vitrifiant,
susceptible d'une plus grande expansion,
que la base terreuse ou les corps étrangers au verre ?

Toutes les fois que le verre eſt plus fragile qu'il n'eſt de ſa nature de l'être; qu'il eſt *aigre* ; qu'il ſouffre difficilement l'impreſſion du diamant, & qu'il n'en ſuit pas régulièrement le *trait*, on dit communément qu'il eſt mal recuit. Cette mauvaiſe qualité ne réſulte pas toujours d'un défaut de recuiſſon. Nous avons déjà remarqué que le verre trop long-temps expoſé au feu, & celui qui eſt fait uniquement avec des caſſons, ou qu'on en avoit trop chargé, étoit difficile à tra-vailler & à couper. Celui, dans la com-poſition duquel on a fait entrer une trop grande quantité de terre alkaline, ou trop peu de ſel alkali fixe, devient éga-lement, ſi l'on le chauffe vivement, *aigre*, intraitable, ſur-tout à froid. Les maîtres de verrerie, qui, dans des four-neaux à l'Allemande, fabriquent du verre commun à vitres d'un côté, & de l'autre de la gobleterie, én font la triſte expé-rience. Ce verre à vitres ne ſuit point, dans la *coupe*, le trait du diamant, quoi-

que la même compoſition donne un verre
paſſablement doux, facile à couper, lorſqu'il eſt fabriqué à un fourneau uniſuement
ment deſtiné à ce genre de fabrication,
ou à un côté de fourneau de verre en
table. La raiſon de cette différence eſt
fort ſimple ; dans les fourneaux à verre
commun à vitres & à verre en table, le
feu eſt très-modéré pendant le travail, &
dans les fourneaux en gobleterie à l'Allemande, il eſt néceſſairement auſſi violent pendant le travail, que pendant la
fonte & l'affinage. Le verre à vitres, fortement chargé de terre alkaline, expoſé
pendant la fabrication à une flamme très-
vive & bien ſoutenue, ſe *deſſèche*, ſe
brûle, pour parler le langage des ouvriers obſervateurs, pérd de ſon principe vitrifiant en plus grande quantité,
& ne peut jamais être facile à couper,
quelque attention qu'on ait apportée à ſa
recuiſſon.

Les maîtres de verrerie, qui, en certaines circonſtances, feroient dans l'in-
diſpenſable

difpenfable néceffité de pratiquer cette fabrication , auroient un moyen d'éviter fon principal mauvais effet ; ce feroit d'ajouter à chaque cent de compofition, cinq livres de bonne potaffe rouge ou blanche.

Ce que nous venons de dire nous fournit la preuve que , dans les arts utiles , des effets parfaitement femblables n'ont pas toujours une feule & même caufe. C'eft une fource féconde de préjugés & d'erreurs quelquefois funeftes , prefque conftamment préjudiciables à la fortune des vendeurs & des acheteurs.

U. U.

C H A P. XIX.

De la nature du Verre & du principe vitrifiant.

LE verre eft la plus belle production de l'induftrie humaine ; c'eft un corps qui , étant en fufion , eft pâteux , & qui, dans l'état de demi-fufion, eft fufceptible de recevoir, avec facilité, toutes les formes imaginables; qui, étant refroidi, eft tranfparent, tranfmet, réfracte & réfléchit merveilleufement la lumière; eft parfaitement élaftique & indiffoluble par les trois acides minéraux. Ces propriétés le diftinguent effentiellement des quatre efpèces de terre, des-fels & des métaux.

La plupart des favans ont cru devoir ajouter que le verre étoit la fubftance connue la plus fixe & la plus indeftructible. Nous nous flattons d'avoir folidement prouvé que cette opinion eft deftituée de tout fondement; que le verre fe décompofe continuellement au feu, foit pendant la fufion, foit pendant le *travail*, & qu'il fe décompofe complétement par la cémentation.

Il n'eft pas feulement altérable par la voie fèche, il l'eft également par la voie humide. M. Margraff avoit obfervé, avant M. Scheele & M. Sage, que l'acide du fpath vitreux le décompofoit ; & M. Rouelle a remarqué que l'acide phofphorique des os produifoit le même effet. Le verre ne devient réellement le plus fixe & le moins deftructible de tous les corps, que par fa converfion en porcelaine ; mais dans cet état, il n'eft plus verre, il a perdu fa fufibilité, fa tranfparence, fon élafticité, &c.

Prefque tous les chymiftes, tant anciens que modernes, regardent le feu comme le diffolvant univerfel, comme la caufe de toute fluidité, comme le feul principe de la fufion & de la vitrification. Il n'y a même perfonne qui ne foit convaincu que, fans le fecours du feu, on ne pourroit mettre en fufion aucune fubftance terreufe ou métallique, & c'eft un fait certain : mais ce fait eft-il bien entendu ? en a-t-on donné de juftes idées ? Je ne puis le croire, les favans MM. de Morveau, Maret & Durande, qui préfident aux cours publics de l'académie de Dijon, me paroiſſent ceux qui ont le plus approché la vérité *.

+ *Vid.* la page 174 du 1er. vol. des élém. chym. thé-oriq. & prat.

Pour ſavoir à quoi nous en tenir ſur cet objet important, il ſuffit, je crois, d'examiner avec ſoin, & de répondre ſolidement à la queſtion ſuivante ; la fuſion eſt - elle un effet néceſſaire de l'action médiate ou immédiate du feu, ſur les ſubſtances terreuſes ou métalliques ?

1°. Il me ſemble que ſi le feu étoit la cauſe immédiate de la fuſion, tous les corps fondus & pendant qu'ils ſont en fuſion, auroient les mêmes caractères. Or, les liquides ſalins, métalliques & vitreux, en ont de très - différents. Les deux premiers ſont coulans comme de l'eau, & le dernier file, eſt pâteux, &c. Cette différence frappante me paroît indiquer différentes cauſes immédiates de leur fuſion.

2°. Si la fuſion ou la vitrification, qui ſeule nous intéreſſe en ce moment, étoit l'effet de l'action immédiate du feu, tous les corps qui y ſont expoſés

feroient également vitrifiés, & on n'auroit jamais eu l'idée des fondans, parce que le feu feroit le feul. On n'i-
gnore pourtant pas que, quelque avantageux qu'il fût de faire du verre avec
le fable, fans le fecours d'autres matières plus précieufes, c'eft chofe impoffible ; que fi certaines terres calcaires fe vitrifient, c'eft uniquement à
caufe du natron qu'elles contiennent,
& que la vitrification de quelques efpèces d'argile n'eft due qu'à la chaux
martiale dont elles font chargées. Le
feu, pour opérer la vitrification, a donc
conftamment un befoin indifpenfable des
fondans; il n'eft donc pas l'agent im-
médiat de la vitrification ; il n'eft donc
pas le vrai principe vitrifiant.

3°. Si le feu étoit le principe vitrifiant, il n'y mettroit pas moins en fufion le verre converti en porcelaine,
que la compofition qu'on a employée pour
le faire, &c.

Qu'on ne dife pas que les fondans

ne font que fixer & retenir la chaleur,
prévenir une déperdition trop rapide ,
& suppléer de cette manière le degré
de feu que l'art ne peut produire. C'est
convenir que le feu n'opère pas immédiatement la vitrification ; d'ailleurs ce
n'est pas la seule propriété qu'ils aient,
ce n'est pas le seul rôle qu'ils jouent
dans les creusets, ils en jouent un autre encore plus important, celui de
dissoudre les corps terreux, & de se
combiner intimement avec eux.

Ce n'est point par toutes leurs parties
constituantes que les fondans remplis-
sent leur double rôle ; nous avons déjà
vu que lorsque le sel alkali fixe étoit
dépouillé de la partie constituante qu'il
perd à feu nud & par la dissolution , il
étoit infusible , invitrifiable par lui-
même , ne différoit nullement des terres alkalines C'est donc uniquement
cette partie constituante que peuvent
perdre les sels alkalis fixes , qui , par sa
grande affinité avec le feu , le concen-

tre , l'arrête , s'en furcharge , en eft
elle-même atténuée & mife en mouvement rapide ; & qui , par fon affinité
avec les terres , agit fur elles avec toute
fon énergie naturelle & acquife , les décompofe , les diffout , & par fa combinaifon intime avec elles , les fait entrer
en fufion pâteufe , forme un corps homogène , le verre.

Qu'il y ait décompofition & compofition , il me femble qu'on ne peut en
douter : pour le prouver, il fuffiroit , je
crois, de rappeller ce que nous avons
obfervé plus haut , que la porcelaine de
verre n'a les propriétés d'aucune des
quatre terres ; elle n'eft ni calcaire , ni
gypfeufe , ni argileufe , ni du genre des
cailloux ; elle eft très-probablement la
terre primitive, la terre élémentaire ,
du-moins elle me paroît en réunir toutes
les propriétés.

Les alkalis fixes & les fels qui peuvent s'alkalifer par la fimple calcination ,
ne font pas les feuls fondans. On doit

mettre au même rang les chaux métalliques & les terres alkalines.

Ces trois principales espèces de fondans ont des caractères qui les distin-
guent essentiellement l'une de l'autre.
Le sel alkali ne se vitrifie jamais seul,
& c'est sur la terre du genre du caillou,
qu'il paroit avoir le plus d'action. Les
chaux métalliques se vitrifient par elles-
mêmes, & ce sont les argiles qu'elles
paroissent dissoudre avec le plus de facilité. Les terres alkalines n'entrent
point seules en fusion, & c'est l'argile
qu'elles attaquent avec le plus d'énergie.

Il ne seroit pas facile de rendre raison
de ces différences, & il sera beaucoup
plus utile de chercher à connoitre la
nature de la partie constituante des fondans, qui vitrifie & qui devient une
partie constituante du verre.

Les anciens chymistes nous aplani-
ront les difficultés de cette importante
recherche, nous en épargneront même
la peine. Ces peres de la chymie, trop

négligés dans ce fiécle , & que fouvent nous paroiſſons méconnoître en nous faiſant honneur, fous des noms diffé-rens , de leurs découvertes réelles ou prétendues ; ces premiers inſtituteurs , dis-je, ont dit, en termes très-clairs, que cette partie vitrifiante des fondans étoit un acide , l'*acidum pingue* , l'acide du feu , de la flamme , un acide très-diffé-rent des trois acides minéraux ; un ef-prit acide , inviſible & infenſible , &c. Tachenius avoit découvert l'acide dans la vapeur du charbon, long-temps avant que M. le duc de Chaulnes eût fait fa belle expérience. Il avoit prouvé auſſi , avec autant d'exactitude que les modernes l'ont fait depuis peu d'années, que l'aug-mentation de poids , & conféquemment la propriété vitrifiante qu'acquièrent pendant la calcination les chaux métalli-ques , étoient uniquement dues à un aci-de, à l'acide du feu [a].

____

a *Vid. ott. Tachen. clavem , &c. tract. de morb. princip. & hippocrat. chym. cap. XXVII.*

L'infatigable Meyer a rassemblé, rapproché, perfectionné & étendu les idées
des anciens sur cet objet intéressant.
Avant ses recherches sur la chaux vive,
il attribuoit, avec tous les chymistes de
notre siècle, *la vitrification à l'ardeur
du feu*. Il avoue qu'il a été forcé à en
faire honneur à l'*acidum pingue*. Il af-
sure que l'*acidum pingue est un vrai in-
grédient du verre ; qu'il y est dans sa plus
grande concentration ; qu'il entre dans
sa mixtion , & qu'il remplit aussi ses
pores ; qu'il est le principe de sa fusibilité.* &c. [a]. M. Sage a eu la même idée ;
voyez ses mémoires de Chymie.

La découverte de M. Rouelle, dont
nous nous sommes fait un devoir de rendre compte, me paroît mettre hors de
tout doute la doctrine des anciens & de
Meyer, sur la nature du principe vitrifiant. Les différentes dénominations d'a-

---

[a] Voyez pag. 207, 209 & 210 du 2e. vol.
trad. franç.

cide du feu, de fils du soleil, d'efprit acide, d'*acidum pingue*, de gas, d'air fixe, d'acide fpathique, d'acide phof-phorique, ne changent pas fon effence; elles prouvent feulement qu'il ne peut être confondu avec aucun des trois acides minéraux, & que les chymiftes l'ont obfervé dans un grand nombre de circonftances différentes, l'ont envifagé fous différents points de vue & fous différentes modifications.

X.

CHAP. XX.

C'eft l'Art de la Verrerie qui fournit les vrais principes des autres Manufactures à feu.

CETTE propofition me paroît inconteftable. J'ofe me flatter qu'on en trouvera un grand nombre de preuves dans mes ouvrages. Ce qu'il y a de certain, c'eft que fi j'ai quelques lumières, fi j'ai fait

quelques découvertes en pyrotechnie ,
en poterie , en minéralogie , dans la do-
cimafie & dans la métallurgie, je les dois
uniquement à l'art de la verrerie. Ne
feroit-ce pas par la raifon que cet art
précieux n'avoit pas été approfondi, développé , que les autres arts à feu font
dans l'état de la plus grande imperfection ?
En eft-il un dont nous ayons les vrais
principes, dont la pratique foit éclairée
du flambeau d'une théorie raifonnée ?
En eft - il un qui ne foit encore livré à
l'aveugle routine ? Mais un ou deux
exemples rendront cette trifte vérité plus
frappante.

Nous avons plufieurs ouvrages fur l'art
de la porcelaine. Prefque tous les chymiftes ont parlé de cette branche importante de la poterie ; à quoi fe réduit ce
qu'on en a écrit ? à la defcription de
quelques pratiques, à des recettes toujours relatives aux circonftances locales
de quelques manufactures , & rarement
applicables à toutes. On n'y trouve , j'ofe

l'affurer, aucun principe certain, rien de parfaitement fatisfaifant fur la nature, la compofition & la préparation de la pâte ; fur la nature, la compofition, la préparation & l'application de la couverte ; fur les rapports qu'il doit nécef-fairement y avoir entre la pâte & la couverte ; fur la nature, la préparation & l'application des couleurs ; fur la nature & la préparation du fondant à emplo-yer pour les porter fur la couverte, leur faire produire les effets les plus agréables, prévenir tout danger de diffolution ; fur l'accord de fufibilité qui doit régner entre les couleurs & la couverte, & entre les couleurs elles-mêmes ; fur le degré de feu qu'on doit faire éprouver à la porce-laine ; fur les moyens de le produire, ou fur la conftruction des fourneaux ; fur la compofition des étuis, &c.

La preuve qu'il n'y a rien d'exagéré dans ce que nous venons de dire, c'eft que chaque manufacturier a fa pratique, fa recette particulière fur tous ces points de l'art ; qu'aucun n'a encore pu faire couramment de la *platerie* , pas même des affiettes , & que les petites pièces en *creux* , font d'un prix exorbitant.

Le hafard a conduit à la compofition de porcelaine , que j'avois indiquée dans mon mémoire. On fent que c'eft de la nouvelle porcelaine , de la porcelaine qu'on appelle dure , dont je veux parler. Il eft certain que la compofition de la pâte fe trouve toute faite dans la belle terre blanche de St. Thiriey en Limou-fin. Elle fournit l'argile pure & le fable pur , que j'avois confeillés. La couverte compofée du fable de la terre même , d'alkali fixe , de gyps calciné & de li-tharge qu'on applique à cette pâte , ne diffère de mon verre de craie que par la chaux de plomb. Je ne penfe pas que les connoiffeurs & les amis de la fanté trouvent cette différence à l'avan-tage de la nouvelle porcelaine.

Qu'eft-il réfulté de cette découverte ? rien d'extraordinaire. Ce qu'on devoit attendre de l'ignorance des principes ; des moutardiers, des taffes, de petites cafetieres, point d'affiettes droites, aucun morceau en *platerie* digne d'attention, & le tout à un prix très-haut. Ne pourrois-je pas me flatter que perfonne n'a franchi la borne à laquelle le fujet de mon mémoire m'avoit forcé de m'arrêter.

Si c'eft une perte pour le public, il en trouvera, j'ofe le croire, le dédommagement dans mes ouvrages. L'art de la porcelaine y fera développé avec toute l'attention dont je puiffe être capable. Ma patrie ne tardera même pas long-temps à jouir d'une porcelaine commune, plus folide, moins fenfible aux alternatives du chaud & du froid, auffi agréable à la vue, & au moins pas plus chère que celle de la Chine.

Nous n'avons pas de plus grandes reffources, & par la même raifon, fur l'art des forges, le plus important de tous après l'agriculture, & fans lequel

l'agriculture ne pourroit pourvoir à nos
befoins. Nous verrons, dans la fuite,
qu'il n'en eft point de moins avancé, de
plus imparfait ; que la très-grande partie de ce qu'on a écrit eft plus propre
à perpétuer les préjugés & les erreurs,
qu'à mettre les manufacturiers en état
de fabriquer le meilleur fer avec la plus
grande économie ; que M. de Buffon eft
le feul des écrivains qui ont traité de cette
matière, qui ait touché au but , &c. On
en aura la preuve dans nos mémoires ;
moyen de claffer tous les fers connus ;
tableau des manufactures à feu ; l'art
de tirer de toutes les mines, en grain &
en roche, le fer le plus pur ; l'art de convertir le fer en acier , réduit à fa plus
grande fimplicité.

Le confeil que j'avois donné aux maîtres de verrerie, d'employer le feu perdu
de leurs fourneaux à faire de l'acier par
la cémentation, n'étoit pas auffi utile
que je l'avois imaginé. J'avois fuppofé,
d'après le célèbre M. de Reaumur, que

nous avions en France du fer aſſez pur
pour être facilement converti en bon
acier. C'étoit malheureuſement une
fauſſe ſuppoſition. Je puis aſſurer, ſans
craindre d'être démenti par l'expérience,
qu'il n'y a point de forge dans le royaume qui fourniſſe du fer ſuffiſamment
pur, pour être converti en acier fin
par la cémentation. Juſqu'à préſent on
n'a pu en fabriquer de tel en France &
même en Angleterre, qu'avec le fer de
la Roſlagie en Suede.

OBSERVATIONS
SUR
L'ART DE LA FAIENCERIE.

*Lu à l'Académie de Dijon , &
imprimé dans le premier volume
de la même Académie.*

LA faïencerie eſt une partie importante de la verrerie. Elle n'a pas été
moins négligée que les autres. Il ſemble même que les Chymiſtes aient affecté
de n'en pas parler. Je ne connois que
Kunckel qui ait pris la peine de donner
quelques recettes ſur les couvertes & ſur
les peintures en faïence [a] ; mais je
doute qu'elles aient été d'une grande utilité. Tant que les arts n'auront que des
recettes pour théorie , ils ſeront très-
éloignés de la perfection. La faïencerie

---

[a] Voy. l'Art de la verrerie, in-4°. pag. 368 &
ſuiv. & pag. 407 & ſuiv.

en eſt une preuve non-équivoque.

On ne connoît en France que deux manufactures de faïence commune qui aient de la réputation , Monſtier & Rouen , & leur mérite eſt moins dû aux principes ſur leſquels elles ſont établies , qu'à des circonſtances locales.

La faïence de Saint-Cenys en Picardie étoit anciennement très-recherchée. Elle eſt tombée dans le diſcrédit & avec juſte raiſon, mais ſa réputation commence à ſe rétablir. Je connois des entrepreneurs qui ont abandonné leur manufacture , parce qu'ils ne pouvoient donner du brillant à leur émail ; d'autres , parce qu'ils ne pouvoient faire prendre leur *blanc* ſur le *biſcuit* , que par parties ; d'autres , parce qu'ils n'avoient pu prévenir l'écaillage , *&c.* Les faïenceries de l'Iſle en Flandre, de Saint-Cenys, de Lyon , de Nantes , de Rouen, *&c.* tirent leur ſable de Nevers , tandis qu'elles en ont de plus blanc à leur portée. On voit beaucoup de faïence qui ſe *fendille* , dont l'émail s'étonne à la plus légère chaleur ; on en voit peu qui ne foit infectée *d'écouffages* , & encore moins qui ne foit *coque d'œuf* , &c. Qui ne fent que cet art eft livré à une routine aveugle ! Je ne me propofe pas de donner un traité complet fur la faïencerie, ni même de décrire avec ordre toutes fes opérations. L'entreprife feroit au — deffus de mes forces. Je me bornerai à quelques obfervations que j'ai principalement eu occafion de faire dans une belle faïencerie en fin & en commun, qu'un de mes proches parents a établie depuis quelques années. C'eft à l'académie à juger jufqu'à quel point elles peuvent contribuer au progrès de l'art.

L'émail de la meilleure qualité, & le plus blanc, les couleurs les plus brillantes & du plus parfait accord, les fourneaux les mieux conftruits, les ouvriers les plus habiles & les plus expérimentés, feroient inutiles au manufacturier en faïence, fi fa terre n'étoit pas de bonne nature, bien compofée & bien préparée. L'impéritie & la négligence à cet égard ne pourroient que lui être funeftes. Il feroit inévitablement ruiné par la caffe dans les fécheries & dans les fourneaux, ou par la déformation des ouvrages , ou par l'effuy (l'émail terne) ou par l'écaillage, &c.

Tout le monde fait que dans le plus grand nombre des faïenceries , on n'emploie que des terres communes , de la glaife verte ou bleue, de l'argile rougeâtre , jaunâtre ou brune , de la marne blanche , grife ou brune. (Je n'entends pas parler ici de la terre à pipe , ni de celle façon d'Angleterre, qui n'en diffère que par la couverte , & qu'on a jufqu'à préfent fi mal imitée). Ces deux efpèces ne font pas de notre objet.

Les manufactures de Paris emploient, pour leur faïence commune, de la glaife verdâtre de Belleville, de l'argile jaunâtre de Charonne , & de la marne blanchâtre du côté des Picpus ; elles font

entrer dans leur brun , ou terre à feu ,
de la glaife d'Arcueil. A Thionville , à
Aprey , &c. on emploie auffi trois efpèces de terre à peu de chofe près de la
même nature que celles de Paris. A Nevers , on ne fait entrer dans la compofition de la faïence , que deux efpèces
de terre , de l'argile jaunâtre graffe & de
la marne blanche. Il y a , je penfe ,
peu de faïenceries affez heureufement
fituées, pour n'avoir à employer qu'une
feule terre.

La glaife bleue , verte , grife , ne me
paroît que de l'argile pure, chargée de
fubftance martiale , d'une petite quantité de terre calcaire plus ou moins groffière , d'un peu d'acide vitriolique [a] , &
quelquefois d'un fable très-fin.

L'argile rougeâtre , jaunâtre ou brune , ou l'argile à briques communes ,
ne diffère ordinairement de la glaife ,
qu'en ce que la bafe ferrugineufe y eft

____

[a] Voy. pag. 33 du 1er. vol. de la Minéralogie
de Vallerius.

plus abondante. Celle de Nevers tient le milieu entre les deux; aussi, combinée avec une suffisante quantité de sable de grosseur moyenne, est-elle propre à faire d'excellentes briques dures. Personne n'ignore que la marne est une terre calcaire; mais celle dont on se sert dans les faïenceries est mêlée avec une petite quantité d'argile, & assez ordinairement avec un peu de substance martiale; on peut s'en assurer par sa dissolution dans l'eau régale. Il y a un grand nombre de marnes; la moins colorée & celle qui se divise le mieux dans l'eau, doit être préférée dans les faïenceries.

Par quelle raison est-on obligé d'employer plusieurs espèces de terre ? Les ouvrages faits avec la glaise seule seroient trop long-temps à se dessécher, gerceroient & se déformeroient dans les *sécheries* & dans les fourneaux ; seroient d'une lourdeur insupportable, & on n'y verroit qu'essuy : elle a besoin d'un intermède qui prévienne une trop grande

retraite , qui la rende moins compacte ,
& qui ne se laiſſe pas facilement attaquer par l'émail. L'argile rouge , &c.
n'eſt rien moins que propre à remplir ces
vues ; il y auroit à craindre les mêmes
inconvéniens à très-peu de choſe près ,
& les ouvrages ſeroient plus diſpoſés à
la fuſion. La marne offre ce qu'on deſire;
elle réduit la retraite à un point convenable , donne à l'eau la facilité de s'é-
chapper promptement , & ſans forcer les
ouvrages ; & toutes choſes d'ailleurs
égales , produit le blanc , l'émail le mieux
glacé , le plus brillant , parce que ſans
doute par ſon moyen , les autres terres
étant moins diſpoſées à la fuſion , ne
peuvent ſe marier trop intimement &
ſe confondre avec l'émail , ou ſi l'on
veut , qu'elle donne à l'émail ce que les
deux autres terres lui font perdre. On
ſait que le verre approche d'autant plus
du bel émail blanc , qu'on l'a foulé d'une
grande quantité de terre calcaire très-
blanche ; la terre calcaire bien dépurée

produit

produit dans l'émail à peu-près les mé-
mes effets que la chaux d'étain. Celui
qui concluroit, de ce que nous venons de
dire , que l'argile rougeâtre est inutile ,
me paroîtroit se tromper. Les ouvrages
faits uniquement avec la glaise & la marne
à dose convenable , pour le blanc , n'auroient pas assez de solidité , & s'écaille-
roient, à moins qu'on ne leur fît subir
un degré de feu plus violent que celui
des faïenceries communes. C'est l'argile
rougeâtre , &c. qui, à raison de sa substance martiale, leur donne , à la cuisson
ordinaire , la liaison nécessaire.

De ce que nous avons établi , il est
aisé de sentir que si l'on épargne la marne
dans la composition , on s'expose à la
casse, à la déformation , à l'essuy, &c.
que si on la prodigue , on tombe dans
le défaut de solidité & dans l'écaillage,
&c.

Dans toutes les manufactures , on ne
suit pas la même composition. Un nombre assez considérable de Faïenciers met

parties égales de glaise & de marne ; ou
trois parties de glaise, deux parties d'argile colorée & cinq parties de marne ;
mais la différence qui se trouve presque
toujours dans les terres d'une même espèce, doit en produire une très-grande
dans les compositions. Tout ce qui ne se
divise pas en parties très-fines dans l'eau,
doit être regardé comme dommageable.
Il y a plusieurs moyens propres à aider
cette division ; la gelée, le mouvement
& le long séjour des terres dans l'eau.
Ainsi pour éviter les erreurs préjudiciables dans la composition, il convient
de faire séparément l'essai des terres, de
les exposer à la gelée, encore humides,
de les agiter fortement dans l'eau, de
les y laisser long-temps, & ensuite de
les passer sur un tamis très-fin. Nous verrons, lorsque nous parlerons de l'émail,
que la règle la plus simple & la plus sûre,
c'est de mettre dans la composition le
plus qu'il est possible de terre blanche,
sans nuire à la solidité du biscuit, fait

dans un fourneau bien conftruit, à un feu de vingt-quatre heures.

Dans la plupart des faïenceries, on fe contente de jeter dans une foffe les trois efpèces de terre, de les y laiffer tremper dans l'eau un certain temps, de les mêler & de les marcher. Je ne m'arrêterai pas à faire fentir l'infuffifance de cette méthode, pour divifer complétement les terres & en opérer le parfait mélange. Décrire celle qu'on fuit à Aprey, c'eft, je crois, donner l'idée de celle qui mérite la préférence. M. de Vilhaut a foin de faire tirer fes terres avant l'hiver, afin que la gelée les ouvre, les divife. Au printemps il fait fa compofition dans un patouillard, où elles font brifées & exactement mêlées ; au fortir-du-patouil-lard le coulis eft reçu dans un crible, conduit par un très-long canal dans un tamis de crin, d'où il fe précipite dans un très-vafte baffin, qui laiffe couler l'eau à fur & à mefure que la terre s'affaiffe. Sur le crible s'arrêtent les parties

les plus groſſières ; dans le canal ſe dé-
poſent les parties de la groſſeur du ſable ordinaire , & le tamis arrête celles
qui auroient reſté en forme de ſablon.
Lorſque la terre commence à être un peu
ferme , on l'apporte dans un autre baſſin couvert & plus profond , d'où on
la tire , pour la marcher & la mettre
dans des caves proprement voûtées &
pavées , où elle reſte à pourrir , à ſe diſ-
ſoudre entiérement , autant de temps
que la conſommation le permet. Auſſi-
tôt que le premier baſſin eſt vuide , on
ne perd pas un moment pour le remplir
de nouveau , afin que la terre y éprouve
les plus grandes rigueurs de l'hiver.

Cette compoſition ainſi préparée ,
donneroit une très-bonne terre à feu ,
ſi la terre ferrugineuſe ne rendoit le biſcuit trop ferré, trop compacte : auſſi, pour
cette eſpèce de faïence , eſt-il d'uſage
de choiſir une glaiſe , où la ſubſtance
martiale ſe développe plus difficilement,
& de faire entrer dans la compoſition un
ſable de moyenne groſſeur.

Je ne préfume pas qu'il puiffe y avoir de compofition plus propre à produire toutes les qualités qu'on peut defirer dans la faïence, que celle où l'on feroit entrer parties égales d'argile pure & de marne pure, comme celle qu'on appelle blanc de Troies. Ces deux efpèces de terre ne font pas auffi rares qu'on pourroit le penfer ; il y a un grand nombre de moyens de remplacer la dernière. Cette compofition n'a qu'un inconvénient , c'eft qu'elle demande le double de feu des faïenceries ordinaires ; mais on feroit amplement dédommagé de cette dépenfe, par le plaifir de voir fon bifcuit blanc, d'avoir une faïence légère, très-folide, capable de foutenir le feu , d'un beau blanc, & propre à recevoir admirablement les couleurs.

La confection du *blanc* ou de l'émail eft une autre partie très-effentielle de la faïencerie ; il regne fur celle-ci encore plus d'ignorance & de préjugés que fur celle des terres.

On voit auffi peu d'uniformité fur les
proportions que fur le choix des matières. Suivant le plus grand nombre des
manufacturiers, le fable de Nevers &
celui de Bone, peu éloigné de Befançon,
font les feuls propres à faire du beau
blanc bien glacé. Ils n'ont cependant
que la propriété d'être un peu plus fufibles que les beaux fables, à raifon de la
fubftance martiale dont ils font chargés.
Les uns veulent pour fondant de la foude
d'Alicante, d'autres de celle de Cartha-
genes, d'autres du falicote, d'autres du
warec; ceux - ci préférent la potaffe,
ceux-là le falin ou le fel de verre; il y en
a enfin qui n'emploient que le fel marin.
Avec des matières fi différentes de leur
nature, pourroit-on produire un feul &
même effet? L'expérience démontre le
contraire. Cent livres de calcine compofée de chaux de plomb, & d'environ
un feptième d'étain fin pour la faïence
commune, & d'un quart pour la faïence
fine, fuffifent pour fondre cent livres

de beau fable. Ainfi la compofition de l'émail n'a pas befoin d'autre fondant que de la chaux de plomb. Le fiel de verre & le fel marin ne peuvent pas, dans le cas préfent, être regardés comme des fondans; je l'ai prouvé dans mon mémoire fur la caufe des bulles qui fe trouvent dans le verre *a*. Ces fels produifent dans l'émail un effet différent & très-utile, celui d'enlever le principe colorant groffier. Sans leur fecours, l'émail feroit d'un jaune plus ou moins foncé, plus ou moins défagréable.

La meilleure foude d'Alicante & la potaffe de très-bonne qualité, font, les plus mauvaifes pour les faïenceries, parce qu'elles ont une trop grande quantité de fel alkali fixe, & trop peu de fel de verre. L'émail où l'on les a fait entrer, eft jaune, peu glacé & fe fendille, par la raifon qu'elles n'ont pas fourni fuffifam-

---

a Voy. tome 4 des Mémoires préfentés à l'Académie royale des Sciences.

M iv

ment de fel neutre, pour enlever le principe colorant groffier ; qu'elles ont rendu l'émail trop tendre, pour ne pas attaquer la terre, & qu'elles l'ont trop rapproché de l'état de verre. J'ai obfervé plus d'une fois ce phénomène, & les manufacturiers m'en paroiffoient plus furpris que perfuadés qu'il fût la fuite néceffaire de la trop bonne qualité des matières. Ils aimoient mieux croire qu'ils avoient été trompés par celui qui les leur avoit vendues.

La foude de Carthagene, le falicote & le warec, contenant moins de fel alkali fixe & plus de fel de verre, produifent de moins mauvais effets. Quoiqu'on ne mette que de 25 à 30 liv. de ces matières dans chaque compofition de 200 livres, il eft très-effentiel pour la bonté & la beauté du blanc, de ne pas les employer, pas même en y ajoutant quelques livres de fel marin, fuivant l'ufage de quelques faïenceries. C'eft feulement diminuer le mal & augmenter fans néceffité la dépenfe.

Il y a un autre inconvénient à employer les foudes : elles font chargées d'une très-grande quantité de principe colorant, qui ne peut être entiérement détruit, ni dans le colombin, ni dans la fritte. N'eft-ce pas affez d'avoir à diffiper le jaune que donne le fable ordinaire & la chaux de plomb ? Il femble que dans les arts on ait été plus occupé à multiplier les difficultés qu'à les lever.

Que le fel de verre où le fel marin, le fel admirable de Glauber & le tartre vitriolé, réduits en vapeurs, entrainent avec eux le principe colorant groffier des matières avec lefquelles ils font combinés, c'eft ce que je crois avoir folidement prouvé dans mon mémoire fur la perfection de la verrerie, pag. 41, &c. Les faïenceries en fourniffent journellement des preuves non moins évidentes.

Le tartre vitriolé ou le fel de verre de potaffe, eft moins propre à la faïence, que les deux autres, parce qu'il eft un peu plus fixe au feu. Ordinairement le fel marin de cuifine réuffit mieux & produit plus d'effet à dofe égale, que le fel de verre, même des foudes ; par la raifon qu'il eft en petit grain, déjà ouvert par l'humidité, & conféquemment bien difpofé au mélange avec les autres matières, à la fufion, à la raréfaction & à l'évaporation ; & que le fel de verre eft en gros morceaux très-compactes, très-difficiles à être réduits en pouffière, privés d'humidité, & chargés de beaucoup de principe colorant groffier. Cette différence eft d'autant plus fenfible, que les manufacturiers ne le font pas écrafer avec foin. J'ai très-fouvent vu dans l'émail en pain, des grains de fel plus gros qu'un poids ; preuve certaine du mélange imparfait, & que le fel n'étoit pas affez divifé pour être, par le feu, réduit en vapeurs, & pour enlever avec lui le principe colorant groffier. » L'in- » convénient n'eft pas auffi grand que » vous le penfez, dit-on : ce fel fera » broyé avec l'émail dans les moulins,

„ & il produira fon effet fur les ouvra-
„ ges, lorfqu'on les aura mis au blanc „.
Ce raifonnement n'a qu'une apparence
de verité. L'émail eft broyé dans l'eau,
fous une meule horizontale ; l'eau diffout le fel, & l'emporte, à coup fûr,
avec elle dans la décantation.

Le fel de verre de foude, préparé
convenablement produira, à poids égal,
plus d'effet que le fel marin ordinaire,
parce que ce dernier eft chargé d'une
certaine quantité d'eau, & d'une plus
grande quantité de parties hétérogènes.
On peut s'en affurer par la diffolution
des deux fels. Pour fe fervir du fel de
verre avec le plus grand avantage, il
feroit néceffaire de l'écrafer, de le faire
diffoudre dans l'eau, de précipiter les
matières hétérogènes dont il peut être
chargé, fur-tout le principe colorant
groffier, avec un peu de glaife délayée
dans l'eau ; de décanter la diffolution
claire, de la faire évaporer jufqu'à pellicule, de la laiffer refroidir, & de mêler

exactement ce sel , encore humide , soit
avec le sable, pour le colombin, soit avec
le sable & la calcine, pour la fritte. Peut-
être les manufacturiers trouveront-ils
ce procédé trop long & trop pénible :
dans ce cas , quoiqu'ils fussent bien dé-
dommagés de leurs peines , ils pourront
se contenter de faire écraser ce sel le
mieux qu'il leur sera possible , & de le
mettre , pendant quelques jours avant
que de l'employer , dans une suffisante
quantité d'eau , pour qu'il en soit péné-
tré & ouvert , quoiqu'il soit dans l'état
où est le sel marin , lorsqu'ils l'achetent.

Cette précaution est très-essentielle.
L'eau, comme nous l'avons déjà dit ,
dispose les sels neutres à la fusion & à la
raréfaction ; elle augmente leur surface ,
en les divisant ; & ces sels , comme presque tous les autres agens , ne peuvent
agir que sur les parties qu'ils touchent.
Il est de fait , qu'une vieille fritte , composée de parties égales de soude & de
sable , se blanchit & plus promptement

& plus parfaitement , en repaſſant au feu, qu'une nouvelle compoſée dans les mêmes proportions & avec les mêmes matières. Pourquoi ? parce que l'humidité de l'air ou du lieu a eu le temps de pénétrer intimement la première. La preuve , c'eſt qu'on opère le même effet, ſi, avant de remettre une nouvelle fritte dans le fourneau, on l'arroſe avec de l'eau claire, juſqu'à ce qu'on la ſente un peu humide dans toutes ſes parties.

Le ſel de verre n'eſt pas rare en France: il le deviendroit , ſi tous ſes uſages étoient connus. Les petites verreries où l'on n'emploie que de la potaſſe rouge, produiſent beaucoup de cette matière ; celles où l'on ne connoit que le warec , encore davantage ; ce ſel ſe vend actuellement de 6 à 8 liv. le cent peſant. Si ce ſel devenoit moins commun ou plus cher , on trouveroit une nouvelle reſſource dans l'extraction du ſel de warec, ou même des ſoudes de Villeneuve & de Pérols en Languedoc. Trois livres de

chaux d'étain, ou quatre livres de chaux
ordinaire bien pure, à raifon de la petite quantité de fel alkali fixe que le fel
de ces foudes contient, en feroient un
très-bon équivalent du fiel de verre. Peut-
être feroit-il digne de la fageffe du gouvernement, de donner la facilité de fe
procurer du fel marin à bon marché, à
ceux qui peuvent difficilement profiter
de ces reffources. Il y auroit des moyens auffi fûrs que fimples de prévenir
l'abus.

L'on mêle ordinairement 100 liv. de
fable avec de 8 à 20 liv. de fel de verre ;
l'on humecte ce mélange, & l'on en forme fous le fourneau à cuire la faïence,
ou dans fon cendrier, le baffin de la compofition de la *fritte*, ce que l'on appelle
colombin. Après avoir défourné, on tire
ce fable, qui eft devenu très-blanc, fi
le mélange du fel a été bien fait, & fi les
parois du baffin (le *colombin*) n'ont pas
été trop épaiffes. On fent aifément que
l'on blanchiroit beaucoup mieux le fable

dans un fourneau à fritte de verrerie, où l'on pourroit le remuer pendant l'action du feu; il en coûteroit un peu plus de bois & de main-d'œuvre, mais on pourroit épargner environ le cinquieme de sel. On joint au colombin bien écrasé, de 8 à 20 liv. de sel de verre, & 100 liv. de calcine composée, comme nous l'avons dit ci-dessus; & cette composition exactement mêlée, est mise sous le fourneau à cuire la faïence, dans un nouveau bassin ou colombin. Si l'on préparoit le sel de verre comme nous l'avons indiqué, 25 ou 30 liv. suffiroient; au reste une plus grande quantité ne peut jamais nuire. Le blanc n'en sera même que plus beau. Ceux qui ne font pas de colombin, ne font pas à imiter.

La proportion de 16 liv. d'étain fin; ou de 28 liv. d'étain de vaisselle commune sur 100 liv. de plomb, me paroît très-bonne pour la faïence commune; mais la proportion de 32 ou 33 liv. d'étain fin sur 100 liv. de plomb, compofition ordinaire pour la faïence fine, me paroît trop forte, rendre l'écaillage prefque inévitable, & produire un blanc fade : l'émail provenant de la dernière, me paroît trop dur pour mordre fuffifamment fur la terre compofée comme il a été dit ci-deffus, & pour s'y attacher fortement[a]. L'on peut, à la vérité, prévenir en très-grande partie l'écaillage, en obligeant les ouvriers à n'éponger leurs ouvrages, qu'avec la barbotine, partie très-fine de la glaife & de l'argile colorée; ou à ne pas éponger du tout, crainte qu'ils ne *dégraif-fent trop la terre*, qu'ils ne laiffent fur la furface des pièces, que la partie calcaire. C'eft vouloir fe ruiner, que de s'en rap-porter entiérement aux foins des ouvriers. Il me paroîtroit bien plus fage & plus fûr de ne mettre fur 100 liv. de plomb, que 25 liv. d'étain fin ; l'émail feroit très-foli-de fur le bifcuit, & d'un beau blanc,

---

[a] Voyez pag. 408, n°. 3 de l'art de la verrerie, *in-4°.*

tirant un peu fur le bleu, qui eft le blanc
de faïence le plus recherché. Règle générale, il eft moins dangereux de diminuer
l'étain dans l'émail , que la marne dans
la compofition des terres. Je crois l'avoir
prouvé.

L'écaillage offre un phénomène très-
fingulier. Toutes les fois que l'émail écail-
le, il eft plus ou moins bourfoufflé. Quelle
peut être la caufe de cette extenfion ,
de ce bourfoufflement? Il me paroit qu'on
ne peut la trouver que dans une vapeur
qui , au dernier degré de feu , s'échappe
de la terre ; l'émail trop compacte pour
s'en laiffer pénétrer , & trop peu adhé-
rent à la terre , lui cède , en eft diftendu
jufqu'à un certain point , jufqu'à ce qu'il
arrive folution de continuité : mais de
quelle nature eft cette vapeur? La queftion
eft , fuivant moi, très-difficile à décider.
Ne feroit - elle pas l'acide vitriolique
qui fe trouve ordinairement dans la glaife.
Je le croirois d'autant plus volontiers ,
que je n'ai jamais vu d'écaillage avec

bourfoufflement , fur de la faïence faite
avec l'argile pure & la terre calcaire
pure.

Il n'eft pas rare de voir le rouge de la
terre à travers l'émail ; la couche du
blanc eft trop mince. Je fuppofe que l'é-
mail n'eft pas trop tendre , & qu'on n'a
pas pouffé trop loin le feu ; ces deux caufes pourroient produire le même effet
que la trop légère couche de blanc.

Les écouffages font le produit d'une
fumée graffe qui a faifi le bifcuit , ou
de l'inattention des ouvriers qui l'ont touché avec leurs doigts gras ou fuans. Peut-
on attendre de ces gens - là l'attention ,
la propreté néceffaires ? Il eft plus pru-
dent de prévenir les fuites de leurs fau-
tes. C'eft ce qu'a heureufement fait M.
de Vilhaut , à l'égard du rouge & des
écouffages ; le remède eft auffi fûr que
fimple. Il confifte à faire moins broyer
l'émail , qu'il n'eft d'ufage de le faire ; à
l'employer du grain du fable ordinaire.
Il eft auffi commun de voir fur la faïence

des picaſſures , des points noirs , ou d'un gris foncé ; ces picaſſures ne ſont que de petites parties de plomb qui ſe re-vivifient lorſque l'émail n'a pas été purgé avec ſoin du principe colorant groſſier.

La faïence fine ne différe de la com-mune , que par l'élégance des formes ; par la blancheur & le brillant de l'émail, par la fineſſe & l'éclat des couleurs , & par la beauté de la peinture. Il y auroit bien des choſes à dire ſur les couleurs ; mais comme elles ſont , pour le fond , les mêmes que celles de la porcelaine , il eſt de mon devoir d'attendre les leçons de mes maîtres , MM. Hellot & Macquer.

MÉMOIRE

*Sur la nature de la Matière élec-
trique, & où l'on prouve que le
Verre n'est pas électrique par
lui-même, lu le 17 Décembre
1762 & imprimé dans le 2ᵉ.
vol. de l'Académie de Dijon.*

LA découverte de l'électricité a paru si
curieuse, que jusques dans le nouveau
monde, les physiciens s'en font occupés.
Il n'est point de matière sur laquelle on
ait fait plus de recherches, on ait plus
multiplié les expériences & mis peut-
être plus de sagacité. M. l'abbé Nollet,
en particulier, paroît l'avoir épuisée.

Les phénomènes électriques ont pour
ainsi dire concentré l'attention des savans; ils se sont contentés de donner leurs
conjectures sur la matière électrique. C'est
l'élément du feu uni à certaines parties

du corps électrifant ou du corps électrifé, ou du milieu par lequel elle a paffé ; une matière de la nature des efprits animaux , femblable à celle du tonnerre , &c. Ces idées n'ont pu être confirmées par l'expérience. J'ofe efpérer qu'on trouvera dans ce mémoire quelque chofe de plus précis & de plus fatisfaifant fur ce fujet.

Les recherches ont été portées fi loin, que non-feulement on a déterminé les corps qui avoient la vertu électrique , mais même fixé le rang de chacun de ces corps , & le verre eft regardé par tous les phyficiens comme le corps le plus électrique. Les plus grandes apparences fe réuniffent en faveur de cette opinion ; mais il n'en eft pas moins vrai que le verre n'eft point électrique par lui-même, & qu'il ne l'eft que par une matière étrangère , dont il eft affez ordinairement chargé.

Il y a déjà quelques années que je fis ces deux découvertes qui , à parler exactement, n'en font qu'une. Le defir de répéter les expériences, ne m'a pas permis de la mettre plutôt au jour. Vers la fin de 1756, je me contentai de l'annoncer à M. l'abbé Nollet, par une lettre qu'il eut la bonté de lire à l'académie des fciences de Paris.

Au mois de juillet 1756, j'eus l'honneur de voir cet abbé à Saint-Gobin. Il me pria de lui faire faire quelques tubes de verre ; à l'inftant un ouvrier y travailla. M. l'abbé Nollet parut furpris de voir qu'aucun de ces tubes, après le frottement le plus fort & long-temps continué, ne donnoit le moindre figne d'électricité. On raifonna beaucoup fur ce phénomène ; & foupçonnant que l'état de l'athmofphère pouvoit le produire, l'on renvoya aux jours fuivants à l'examiner avec la plus fcrupuleufe attention. Il fut reconnu que ces tubes frottés pendant un temps fec ou humide, dans les appartemens ou en plein air, ne donnoient point d'étincelles. On fe re-

jetta fur la nature particulière du verre
de glace. Quelques perfonnes penferent
que ce verre long-temps expofé à un
feu très-violent, devenoit fi compacte,
que le frottement en ébranloit beaucoup
plus difficilement les parties, & que les
étincelles ne pouvoient s'échapper. Cette
conjecture parut affez vraifemblable.
M. l'abbé Nollet m'invita à l'examiner au flambeau de l'expérience : je me
fis un devoir de fatisfaire fes defirs.

A peine la matière étoit fondue dans
les creufets & le fel de verre diffipé, que
je fis faire des tubes. Je les frottai avec
précaution, à caufe de leur peu de folidité. Ils me donnerent des fignes fenfibles d'électricité. Je répétai un très-grand
nombre de fois la même expérience avec
le même fuccès. Ces effais paroiffoient
très-favorables à la conjecture ci-deffus ;
mais je crus important de pouffer plus
loin mes recherches. Je fis faire des tubes à tous les degrés de fonte, & je m'apperçus que l'électricité des tubes dimi-

nuoit à proportion que le point de l'affinage, de la dépuration du verre appro-
choit. Le verre parvenu à cet état,
n'avoit plus d'électricité. Ces expériences
furent variées autant qu'il eſt poſſible,
& elles me donnerent conſtamment les
mêmes réſultats. Je crus d'abord la conjecture changée en réalité : mais perſuadé qu'en ne ſauroit être trop lent à prononcer, même d'après l'expérience, &
réfléchiſſant qu'avec la vertu électrique,
ce verre perdoit auſſi dans ſa cuite, le
ſel de verre & le principe colorant groſſier, ſur-tout celui qui lui étoit fourni
par la manganèſe, j'examinai ſi, dans la
diſſipation de l'une de ces matières ou
des deux enſemble, je ne trouverois pas
la cauſe du phénomène.

Dans cette vue, je fis jeter du ſuin très-
blanc dans du verre bien dépuré & non
électrique. Après l'avoir fait mêler avec
le verre auſſi exactement qu'il fut poſſible, je fis ſouffler des tubes ; ils ne donnerent aucune marque d'électricité. De
nouvelles

nouvelles expériences avec le sel de verre, ne me firent remarquer dans les tubes
aucune différence.

Il me restoit à examiner si le principe
colorant contribuoit à l'électricité du
verre. Je ne perdis pas un moment pour
m'en assurer. Je mêlai avec soin, à du
verre bien affiné & non électrique, de
la manganèse en assez grande quantité
pour le rendre d'un rouge foncé. Les
tubes que j'en fis tirer, me donnerent
des étincelles électriques. Cette expérience, répétée avec attention, com-
mença à changer mes idées sur le phénomène & sur la nature de la matière électrique. Loin de me rebuter, je travaillai
avec une nouvelle ardeur à mettre dans
son plus grand jour la cause que je cher-
chois.

Je mêlai à du verre non électrique
les matières qui contiennent le plus de
principe colorant, qui font les plus propres à la réduction des chaux métalliques, & à faire avec le sel admirable de

Glauber ou avec le tartre vitriolé, du foû-
fre à la manière de Sthall, le fafre, la
foude non frittée, la pouſſière de charbon ordinaire, la fuie de cheminée, les
réfines, la cire d'Eſpagne, les matières
animales réduites en charbon très-noir,
&c. &c. Les tubes que j'avois fait fouffler
du verre où étoit entré le principe colorant d'une ou de plufieurs de ces matières, furent très-électriques.

Ces expériences très-variées paroiſ-
foient prouver évidemment que l'électricité du verre étoit due au principe colorant ; mais il s'éleva dans mon efprit
un doute que je cherchai à diffiper. N'y
auroit-il pas, dans les matières dont nous
nous fommes fervis, quelqu'autre principe que le colorant, qui rendroit le
verre électrique ? Pour m'en affurer, je
diffipai, le plus exactement qu'il me fut
poffible, par le moyen d'une flamme
claire & de longue durée, le principe
colorant des matières dont nous avons
parlé. Privées de ce principe, elles ne

produifirent aucun changement dans le
verre non électrique , avec lequel je les
mélai. Mais le principe colorant eft-il la
matière électrique , ou ne fert-il qu'à développer cette matière dans celles qu'on
emploie , ou dans le verre avec lequel
on les mêle ? Quoique ce doute ne me
parût pas plus fondé que le précédent ,
dans la vue de m'en convaincre , je fis
les expériences fuivantes. Ayant exactement mêlé enfemble parties égales de
foude d'Alicante non frittée & de fable ,
j'en fis remplir un creufet. Cette compofition me donna un verre très-noir ,
prefqu'opaque & très-électrique , même
après avoir refté dans le fourneau le double de temps que les compofitions ordinaires de verre de glace. Je fis mêler à
ce verre noir du fuin très-blanc à différentes reprifes , jufqu'à ce que le principe
colorant fût entiérement diffipé. Au
moyen de ce procédé , je fis paffer le
verre, depuis le noir le plus foncé , par
toutes les nuances du jaune au verd le

plus clair & le moins défagréable. Dans
cet état, j'en fis tirer des tubes, & je fus
convaincu que ce verre avoit perdu,
avec le principe colorant, fa vertu électrique. J'y fis mêler féparément & enfemble de la fuie de cheminée, de la
pouffière de charbon, des réfines réduites en charbon, &c. le verre devint
d'un jaune foncé & prefqu'auffi électrique
que lorfqu'il étoit noir. Après avoir diffipé, par le même procédé, la couleur
jaune du verre, & m'être affuré qu'il
n'étoit plus électrique, j'y jetai du fafre
au point de le rendre d'un bleu très-foncé.
L'électricité fe trouva forte dans les tubes
que j'en fis fouffler. Il ne me refta aucun
doute que le principe colorant ne fût la
matière électrique, & que fi les tubes
qui ont donné occafion à ces recherches,
n'avoient pas donné des marques d'électricité, c'eft parce qu'ils étoient privés
du principe colorant, ou du moins d'une
trop grande quantité de ce principe, &
que conféquemment le verre n'étoit
pas électrique par lui-même.

Il se présente ici une difficulté qui paroît renverser toutes nos expériences : du verre passablement blanc est très-électrique. Je doute si peu du fait, que j'ai cru devoir apporter un tube qui réunît ces deux extrêmes apparens. Le verre de ce tube, qui paroît assez blanc, tient plus de principe colorant que le verre jaune & le verre bleu ci-dessus. Pour s'en convaincre, il faut faire attention, 1°. que les bulles dont il est rempli, & que le trouble, le laiteux dont il est atteint, prouvent que ce verre est peu cuit, peu affiné, & qu'il a beaucoup de sel de verre. Or, les sels neutres sont infiniment moins teints par le principe colorant que le verre. Le sel de tartre & le sucre paroissent blancs, & exposés au feu, s'enflamment, noircissent & font détonner le nitre. 2°. Que lorsque les trois couleurs primitives, le jaune, le bleu & le rouge, sont dans le verre en proportion convenable, & que la dernière domine le moins possible, on a le blanc

le plus agréable. Je me flatte de l'avoir
prouvé dans mon mémoire sur la verrerie , que l'académie royale des sciences
de Paris a jugé digne du prix. 3°. Que
le verre de ce tube est très-sensiblement
teint de la couleur rouge de la manganèse.

Un grand nombre de personnes me
demanderont sans doute ce que j'entends
par le principe colorant ? Je ne leur ré-
pondrai pas avec les anciens philosophes,
que ce principe n'existe que dans notre
ame , ni avec le célèbre Newton , qu'il
est une propriété exclusive des rayons de
la lumière ; mais avec le grand Sthall &
le savant Pott, que c'est ce que tous les
chymistes appellent principe inflammable , phlogistique. S'il restoit quelque
doute à cet égard , les expériences dont
nous avons rendu compte , me paroî-
troient très - propres à le dissiper. Le
moyen de ne pas regarder le phlogistique & le principe colorant comme une
seule & même chose, puisqu'avec celui-
ci comme avec celui-là, on réduit les

chaux métalliques , en fait avec l'acide vitriolique , le foufre , & on fait détonner le falpêtre.

Je ne penfe pas que le verre non électrique foit parfaitement privé de phlogiftique. Quel corps dans l'Univers peut l'être ? Il eft très-vraifemblable que, pour que le verre donne des fignes d'électricité, le phlogiftique ne doit pas y être trop atténué , ou doit y être en une certaine proportion. Ce qui eft inconteftable , c'eft que plus il y en a , & plus il eft électrique *a*.

---

a Il ne me paroît pas que les nouvelles découvertes du favant M. Sage , dont quelques-unes ont été confirmées par M. Scheele , nous permettent de douter qu'il entre , dans toute efpèce de verre, un acide comme partie conftituante : cet acide n'eft affurément pas l'acide vitriolique , ni l'acide nitreux , ni l'acide marin , mais l'*acidum pingue* ; l'acide animal , l'acide végétal dans fa plus grande pureté; l'acide qui entre comme partie conftituante dans la terre calcaire , dans les fels alkalis fixes & volatils, dans les fphats fufibles, dans les bafaltes , &c. Cet acide , le plus pefant de tous les acides , eft le plus

Certaines obſervations auroient dû faire ſoupçonner que la matière électrique n'eſt autre choſe que le principe colorant, le plogiſtique. D'après l'expérience, tous ceux qui ſe ſont mêlés de l'électricité, ont regardé les bouteilles les plus noires comme le verre le

---

fixe, & par-là vraiſemblablement mis en jeu par le feu actuel, le ſeul principe vitrifiant. Cet acide a plus d'affinité avec le phlogiſtique, que les autres acides, puiſqu'il les en dépouille, & devient, par ce moyen, volatil & extrêmement élaſtique. Uni à une certaine quantité de principe inflammable, il forme un vrai ſoufre connu ſous le nom de phoſphore. Ainſi combiné, le phlogiſtique y étant même joint en moindre quantité qu'il n'eſt néceſſaire pour le rendre concret, le plus léger mouvement qu'il reçoit de la chaleur ou du frottement, le rend lumineux, & lui fait répandre une odeur d'ail. Ces principes poſés, & de la vérité deſquels je ne ſaurois douter (Mr. Sage a répété devant moi ſes expériences avec la complaiſance qui caractériſe le vrai ſavant, & qui lui donne des droits bien marqués à ma reconnoiſſance), il me paroit beaucoup plus aiſé de concevoir le jeu de la matière électrique dans le verre. Le mouvement communiqué au phlogiſtique, & même aidé de l'élaſticité propre du verre,

plus électrique. M. l'abbé Nollet s'apperçut que du verre étoit devenu plus électrique par le bleu d'émail dont on l'avoit coloré. Il n'y a personne qui n'ait observé que les matières les plus électriques font les plus chargées de plogisti-

---

jailloit, il faut en convenir, quelque obscurité sur la raison des premiers phénomènes électriques ; une connoissance plus exacte de la nature du verre semble lever toutes les difficultés. Dans le verre où il y a la moindre quantité possible de principe colorant, de phlogistique, on aura beau, par le frottement, imprimer un mouvement violent à l'acide, ses parties intégrantes tourneront sur leur axe, sans être déplacées, sans donner aucun signe d'électricité. Le contraire doit arriver dans le verre chargé de principe inflammable, & même les phénomènes doivent y être d'autant plus sensibles, qu'il y a une plus grande quantité de phlogistique : il n'y a rien de plus conforme à l'expérience. Le verre est d'autant plus électrique, qu'il est plus coloré, *& vice versâ.* Ainsi cet acide me paroit le véhicule nécessaire de la matière électrique, comme il l'est de la lumière dans tous les cas possibles. On avoit observé un trop grand nombre de rapports entre le phosphore & l'électricité, pour ne pas découvrir leur parfaite identité. *Note de l'Auteur.*

que, comme l'ambre, la cire à cache-
ter, &c. On a même découvert qu'il
fuffifoit d'imprégner le bois de phlogiftique condenfé, pour le fuppléer, dans
certains ufages, aux matières électriques ; par exemple, aux fupports ou
gâteaux de réfjne l'odeur d'ail, d'arfenic brûlé, de diffolution de fer que
donne l'électricité, auroit dû, ce me
femble, faire naître le même foupçon.
Il me paroît plus que vraifemblable que
le phlogiftique n'eft pas moins le principe des odeurs que des couleurs. Des
trois noirs réfultans des trois couleurs
primitives condenfées, le noir du jaune
m'a toujours paru donner le plus d'électricité, par la raifon, fans doute, qu'il
demande une plus grande quantité de
phlogiftique.

Le verre eft, je penfe, le corps qui
rend le mieux, par le frottement, la
matière électrique, & le plus propre aux
expériences de l'électricité, parce que
le phlogiftique lui eft intimement uni,

& qu'il eſt le corps le plus parfaitement élaſtique.

Je crois qu'on ſera préſentement en état d'apprécier le myſtère que font quelques maîtres de verrerie , de la compoſition du verre qu'on leur demande pour des expériences d'électricité. Souvent, par cette raiſon , on a été chercher loin ce qu'on pouvoit avoir à ſa portée. Un maître de verrerie de réputation m'envoya en 1757 , comme une grande marque d'amitié , ce qu'il appelloit le ſecret de faire le verre le plus propre à l'électricité , & il me prioit de ne le communiquer à perſonne. Il me preſcrivoit , dans la recette , entr'autres choſes auſſi peu importantes , de ne faire entrer pour fondant dans la compoſition , que des cendres de bois de chêne. En le remerciant , je lui marquai qu'il n'y avoit point de ſecret à faire du verre électrique , que le plus noir étoit le meilleur , & que parties égales de ſable jaune argileux & de ſoude non frittée , donnoient la compofition la plus fûre & la moins embarraffante. Les arts fourmillent de préjugés !

Il ne me conviendroit pas de m'étendre fur l'utilité de ma découverte ; je fouhaite qu'elle en ait de fort étendue. La phyfique expérimentale doit gagner à proportion qu'on fimplifiera les principes. Les favans partant d'un point certain, feront, ce me femble, plus fûrs de leurs explications des phénomènes électriques ; ils pourront peut-être fe procurer le plaifir d'envifager l'électricité fous de nouveaux points de vue, & il pourroit leur être plus aifé de découvrir l'analogie de la matière électrique avec les efprits animaux, avec les météores, &c.

Fin du premier Volume.

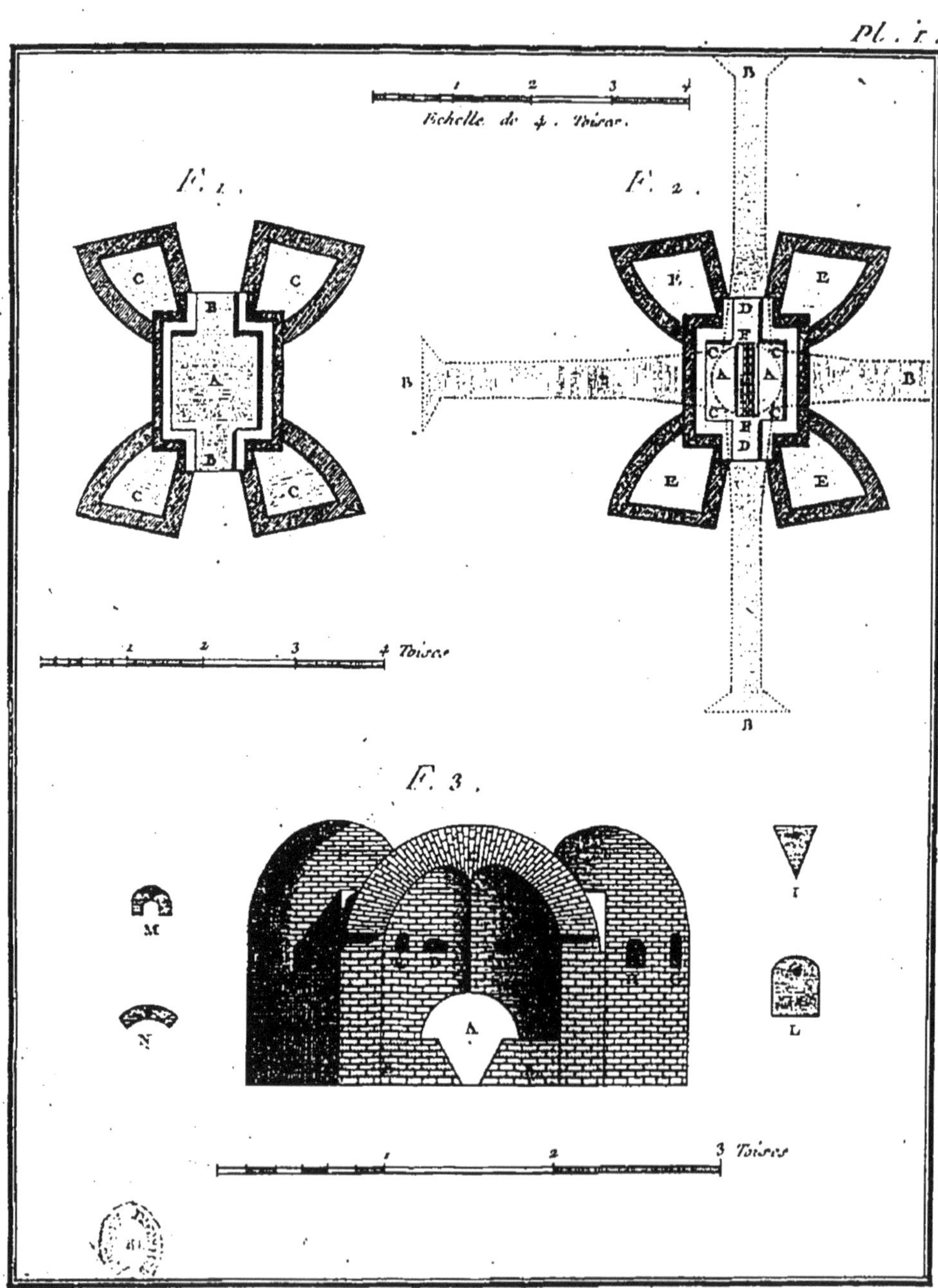
Echelle de 4. Toises.
1 2 3 4
F. 1.
F. 2.
B
C C
B
A
B
C C
E E
D
F
C C
A A
C C
D
E E
B
B
B
F. 3.
A
M
N
I
L
1 2 3 Toises
1 2 3 4 Toises

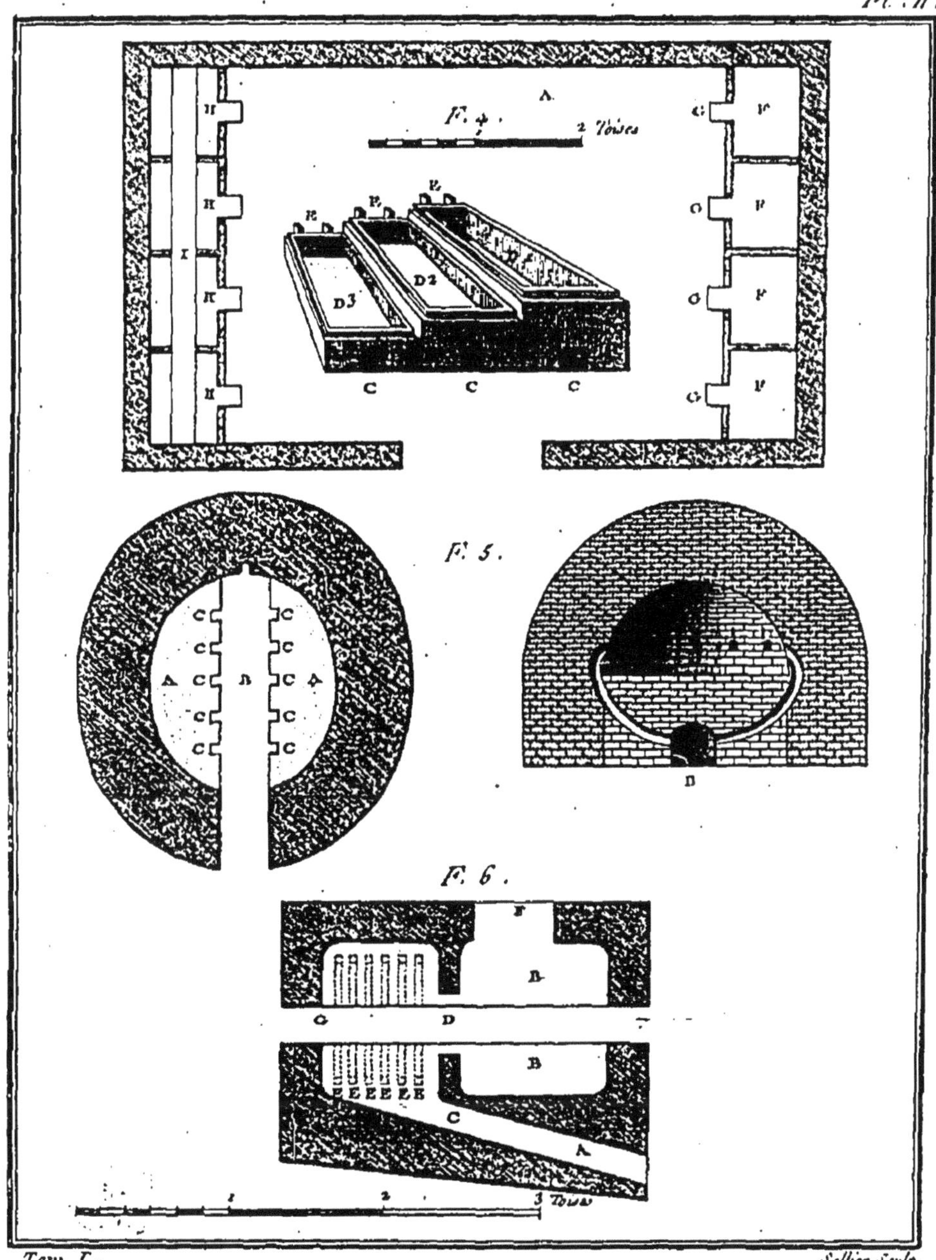

Sellier Sculp.

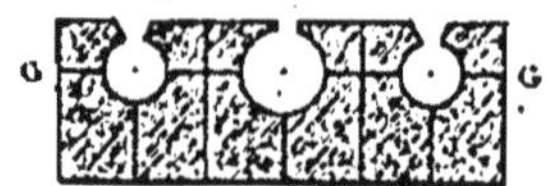

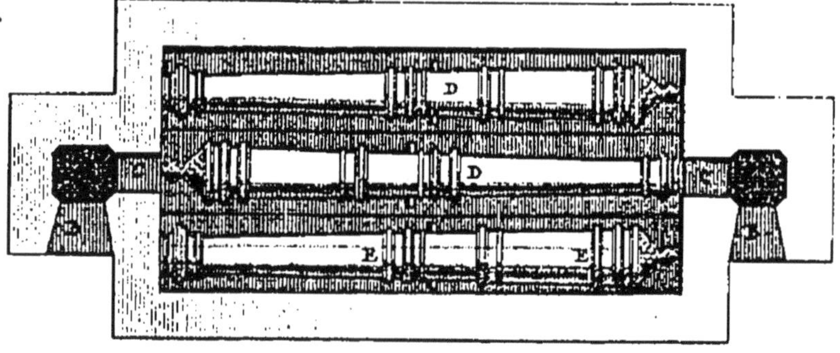

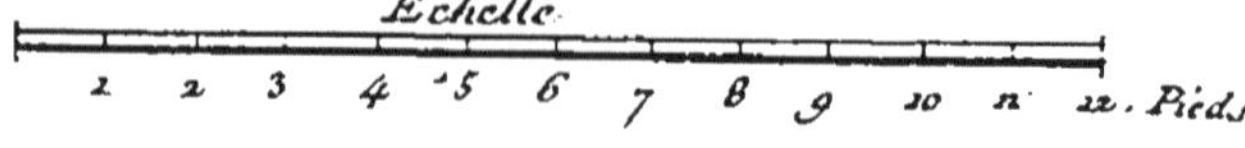

Sellier Sculp.

TABLE

Des Matières contenues dans ce premier Volume.

C.

E.

F.

G.

N.

O.